高情商是练出来的

Don't Let
Your Emotions
Run Your Life
for Teens

美国大学里的高情商训练课

[加] 谢里·范·狄克
Sherl Van Dijk 著 程静 译

北京联合出版公司
Beijing United Publishing Co.,Ltd.

图书在版编目（CIP）数据

高情商是练出来的：美国大学里的高情商训练课 /（加）谢里·范·狄克著；程静译. -- 北京：北京联合出版公司, 2017.6（2019.9重印）
ISBN 978-7-5596-0026-4

Ⅰ. ①高… Ⅱ. ①谢… ②程… Ⅲ. ①情商—通俗读物 Ⅳ. ①B842.6-49
中国版本图书馆CIP数据核字(2017)第068028号

DON'T LET YOUR EMOTIONS RUN YOUR LIFE FOR TEENS By SHERI VAN DIJK
Copyright: © 2011 BY SHERI VAN DIJK
This edition arranged with NEW HARBINGER PUBLICATIONS
through BIG APPLE AGENCY, INC., LABUAN, MALAYSIA.
Simplified Chinese edition copyright: © 2017 Beijing KunYuanTianCe Culture Development Co., Ltd
All rights reserved.

北京市版权局著作权登记号：图字01-2017-2029

高情商是练出来的：美国大学里的高情商训练课
DON'T LET YOUR EMOTIONS RUN YOUR LIFE FOR TEENS

著　　者：[加]谢里·范·狄克
译　　者：程　静
责任编辑：崔保华
封面设计：门乃婷
装帧设计：季　群

北京联合出版公司出版
（北京市西城区德外大街83号楼9层　100088）
北京联合天畅发行公司发行
小森印刷霸州有限公司印刷　新华书店经销
字数190千字　710毫米×1000毫米　1/16　14.5印张
2017年6月第1版　2019年9月第5次印刷
ISBN 978-7-5596-0026-4
定价：38.00元

版权所有，侵权必究
未经许可，不得以任何方式复制或抄袭本书部分或全部内容
本书若有质量问题，请与本公司图书销售中心联系调换。电话：（010）64243832

序　言

情商（EQ）是一种认识、管理和调节自身情绪的能力，主要由5个方面构成：

1. 认识自身的情绪——能够读懂自己的情绪，了解它们是如何产生、变化的，以及对自身行为的影响。
2. 管理自身的情绪——能够掌控自己的情绪，而不是被情绪掌控。
3. 自我激励——能够在遭遇挫折时调动情绪，看到事物光明的一面，安然度过危机，走出生命的低谷。
4. 识别他人的情绪——能够敏锐地感受到他人的需求和欲望，洞察别人的情绪。
5. 处理人际关系——能够很好地与他人沟通，处理好人际关系。

提到"情商"，很多人都会想到后面两个方面，即"识别他人的情绪"和"处理人际关系"，认为高情商就是善于沟通，能够把话说到别人心坎上，把事情做到点子上，在人际关系中如鱼得水。不错，这些都是高情商的具体表现，但是前面三个方面则是高情商的基础。

一个人如果对自己的感受和心思不了解，就不可能了解别人的感受和心思。

一个人如果无法处理自己的情绪，就不可能洞察别人的情绪，更不用说处理好人际关系了。

认识自身的情绪，可以说是高情商的核心，其他四个方面都是围绕着这个核心而展开。认识自身的情绪，可以让我们深入内心，触摸到真实的自己，并以此为核心，获得强大的存在感，构建属于自己的人生。相反，脱离了这个核心，我们就会与内心脱节，忽略内心真实的声音。而没有真实自我作为支柱和脊梁之后，我们只知道一味地迎合别人，不敢坚持自己的主张和想法，不敢坚持正义和真理，在趋利避害之中，我们不可救药地蜕变成精致的利己主义者。这时所谓的高情商，也就沦落为溜须拍马的工具。

高情商并不是天生的，是可以后天训练出来的。

训练高情商，最重要的是训练对自身情绪的觉察力。

如果一个人对自己的情绪懵懵懂懂，就会让情绪处于失控的状态，或者郁郁寡欢，或者喋喋不休，或者陷入焦虑和恐惧，或者怒气冲冲……带着这样的情绪与人交往，自然无法做到心平气和，也很难冷静客观洞察别人的感受和心思，常常会把自己的情绪一股脑地撒在别人身上，把别人当成出气筒，弄得人际关系十分紧张。所以，如果我们总是情绪失控，或者情绪化地待人接物，那么，情商就会变低，拿捏不准说话的时机和分寸，往往会说伤人的话，做愚蠢的事，在人际交往中处处碰壁。

《高情商是练出来的》将告诉我们如何用健康的方法觉察和管理自己的情绪。掌握这些方法后，我们就可以摆脱情绪化的思维、感受和行动，迅速提升自己的情商，变成一个高情商的人。这时，我们既能合理表达自己的情感和诉求，也能洞察别人的情绪、感受和心思，说话得体，行为恰当，沟通能力增强，人际关系十分融洽和谐，生活也随之变得健康和快乐。

高情商训练课最初是由美国职业心理委员会成员、华盛顿大学杰出心理学家玛莎·莱恩汉（Marsha Linehan）博士创立的，许多对自身情绪缺乏觉察力的学生和老师，原本情商较低，很难与人沟通，人际关系极差，但通过训练课后，情商迅速提高，他们既了解自己的感受，也了解别人的感受，既尊重自己，也尊重别人，在对外交流和沟通中，变得积极阳光，客观公正，建立起有效的人际关系，成为极具魅力的人。

随着高情商训练课取得的巨大成功，影响力越来越大，现在它已经成为哈佛大学、麻省理工学院、斯坦福大学、耶鲁大学、普林斯顿大学，以及很多文理学院学生和老师都喜欢的高情商培训教程。

不仅如此，玛莎·莱恩汉博士创立的这套技能，对临床心理治疗更是产生了深远的影响，被称为"辩证行为疗法"（ＤＢＴ），如今全世界的心理医生都在运用这一方法解决人的情绪问题。它既可以解决边缘人格障碍和抑郁症患者的严重情绪问题，也可以处理日常生活中平常的愤怒、羞愧、沮丧、恐惧和焦虑等，避免它们影响自己的生活。

玛莎·莱恩汉博士也由此成为这一领域的开山鼻祖。

该书的作者谢里·范·狄克是一名心理医生，也是"辩证行为疗法"最积极的推广者之一，她的这本书可以帮助我们成功了解和处理情绪，获得高情商，过上健康而清醒的生活。由于该书深入浅出，在美国一经出版，就成为了超级畅销书，深受美国年轻人的喜爱。

相信书中的那些方法也能助你一臂之力。

你是不是常常不假思索地说话、做事，随后又为自己的言行感到后悔？

你是不是喜欢对事情做出评判，认为"这件事不应该""那件事不公平""这样做不正确"……然后，对身边发生的事情耿耿于怀？

你是不是对过去的痛苦经历念念不忘，对未来的事情忧心忡忡？

就人际关系而言，你是不是觉得自己在付出和索取之间没有取得平衡？

你是不是常常觉得自己在人际关系中付出太多？或者占了便宜？

当一段关系不太融洽时，你是倾向于直接结束它，还是尝试进行修复？

你是不是经常觉得自己还没做好心理准备，对方就已经断绝和你来往？

你是不是在与别人沟通时容易处于被动状态，比如，你从不为自己说话，总是附和别人？

你是不是在与别人沟通时争强好胜，比如，强迫别人接受你的看法？

你是不是常常与某些人建立起不健康的人际关系，比如瘾君子、酒鬼、赌徒、与警察纠缠不休的混混、家庭关系不和睦的人，甚至是对你不善或欺负你的人？

请花几分钟时间，对自己做一个评估，然后，进入高情商训练课程。

目　录

Part 1　高情商训练的第一大技能：读懂情绪

第1课　关于情绪，你必须懂得的　　002
第2课　读懂情绪是调节情绪的第一步　　013
第3课　情绪的作用　　019
第4课　将想法、情绪和行为分开　　031

Part 2　高情商训练的第二大技能：自我关注

第5课　跳出自己，观察自己　　042
第6课　自我关注的技能　　047
第7课　描述情绪，给你的情绪命名　　056
第8课　关注你的身体感觉　　064
第9课　在日常生活中，你也可以关注自己　　069

Part 3　高情商训练的第三大技能：培养慧心

第10课	三种不同的思维模式	078
第11课	每个人都有情绪脆弱的时候	085
第12课	无效行为，有效行为	094
第13课	从冲动到行动，你还有机会	099
第14课	控制冲动的技巧：与冲动对着干	106

Part 4　高情商训练的第四大技能：少评判，多接纳

第15课	少一点评判，少很多痛苦	120
第16课	自我认可	130
第17课	接受现实	138

Part 5　高情商训练的第五大技能：如何安然度过情绪危机

第18课	深陷情绪危机时，你可以转移注意力	148
第19课	安抚情绪的技巧	154
第20课	"逗"自己开心的技巧	160
第21课	训练自我掌控的技能	164
第22课	如何看到事物光明的一面	170

Part 6　高情商训练的第六大技能：人际交往技能

第23课	处理不好人际关系，他人即地狱	176
第24课	怎样拓宽你的人际关系	182
第25课	到目前为止，世上最完美的沟通技巧	186
第26课	高情商的人懂得如何说话	193
第27课	高情商不仅会说，还要会听	199
第28课	人际关系平衡术	204
第29课	自我评估	211

答　案　　　　　　　　　　　　　　　　　　　　218

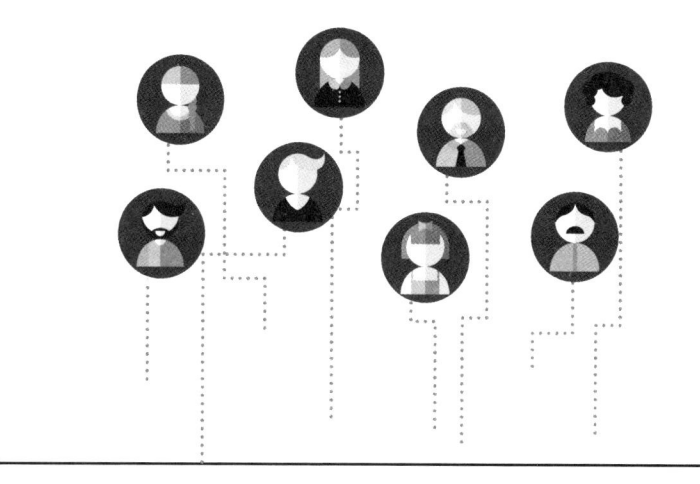

高情商训练的
第一大技能：
读懂情绪

Part
<<< 1

第 1 课

Don't Let Your Emotions Run Your Life for Teens

关于情绪，
你必须懂得的

情绪是什么？是想法吗？是感觉吗？是你陷入爱河时剧烈的心跳吗？是你生气时摔碎东西的行为吗？

简单来说，情绪是身体内部的信号，它告诉你正在发生的事情。当好事发生在你身上的时候，你感觉很爽；当坏事发生在你身上的时候，你感觉很糟糕。

简单定义情绪，并不意味着情绪很简单，实际上，情绪非常复杂，它就像天空中的云，时而白云悠悠，时而乌云翻滚……令人捉摸不透。

尽管情绪十分复杂，我们却可以将它们分为两大类：一类是原生情绪，另一类是衍生情绪。

原生情绪是你对触发事件的第一反应，是情绪发挥出的原始功能，不需要"三思而后行"。比如，听到一声巨响，你会本能地产生恐惧的情绪；美女邀请你共进晚餐，你会产生高兴的情绪；心爱的宠物死了，你会产生悲伤的情绪……原生情绪是人类运作的基础，是情绪的生物组成部分，与生存息息相关。原生情绪并不复杂，未经教化，也不是各种情绪五味杂陈的混合物，只要没有认知功能障碍，几乎所有人都能感知到原生情绪，例如，恐惧、愤怒、惊讶、伤心、厌恶、愧疚、爱和幸福等。

衍生情绪是由原生情绪衍生而来的，是对原生情绪的情绪化反应，也可以说，衍生情绪是对你感受的感受，是由情绪引发的情绪。例如——

· 为遭受的羞辱而愤怒。

- 为自己的胆怯而羞愧。
- 为受到的委屈而伤心。
- 为自己的易怒而苦恼。
- 为自己的焦虑而焦虑。

……

有时候，虽然快乐的情绪也能衍生出其他情绪，例如因得意而忘形，因乐极而生悲等，但衍生情绪更多的是对悲伤、羞辱、烦恼和失落等情绪的一种反应。下面这个故事描述了由原生情绪到衍生情绪的变化过程。

山姆是美国华盛顿大学的一名学生，一天下午，他驾车回家，行至途中，另一辆车突然变道开到了他的车前面。山姆感到很危险，他有些害怕，便开始躲避：打方向盘躲开了那辆车。

但是几秒钟之后，山姆想道："太混蛋了！那个家伙是故意的！"随即他害怕的情绪陡然衍变为愤怒，并催生出攻击行为：山姆开始以150公里/小时的速度在高速公路上狂追那辆车。

但是那辆车最终还是溜之大吉了。

为什么没追上呢？因为警察叫停了山姆，控告他违规驾驶，其中包括超速和不打信号灯等好几项违章。

在这个故事中，山姆最初的害怕是原生情绪，后来的愤怒则是衍生情绪。

原生情绪是单一的情绪，没有想法的参与，是对你所经历的事情的一种本能的情绪反应，比如，山姆遇到危险——本能地产生出害怕的情绪——害怕的情绪又让他采取了躲避的行为。

与原生情绪相比，衍生情绪要复杂得多，它是几种情绪的混合物，还纠结了一些"剪不断理还乱"的想法。例如，在山姆的愤怒中就纠结了这样的想法——"太混蛋了！那个家伙是故意的！"这个想法首先会让他感到自己被那个司机欺负了，并产生出一种受辱的情绪，接着受辱的情绪又会迅速衍生出愤怒的情绪，最后是受辱和愤怒的情绪混合在一起，导致他产生疯狂的行为——违章超速，将自己和他人都置于危险的境地。

衍生情绪是经过过滤的情绪，它不是根据你现实的经历而做出的反应，而是根据你对现实经历的想法而做出的反应。遭遇同一件事情，人们会产生相同的原生情绪，但是由于不同的生活经历、个性特征和思维方式，人们对同一件事情的想法则有可能完全不同，并产生不同的情绪。例如山姆对突然变道超车这件事情的看法是"那个家伙是故意的"，因而衍生出受辱和愤怒的情绪。而另一个人遭遇相同的事情，却有可能产生这样的想法"那个司机可能是个新手，无知者无畏，他早晚会尝到苦头，我最好离他远点，不要与他较劲"，这样的看法则不会衍生出受辱和愤怒的情绪。

通过山姆的故事，相信你已经明白，在衍生情绪的形成过程中，想法是主观的，不一定符合事实，但恰恰是这个主观的想法深度影响了山姆的情绪，决定了他情绪的强烈程度。

你是否留意到，每当自己的情绪变得强烈的时候，其背后都有一个推波助澜的想法。例如，在你感到很生气之前，或者痛恨某种情景之前，可能心中会首先出现这样的想法——"这太不公平了！""我的处境很危险！""他们对我怀恨在心！"这些想法可能转瞬即逝，却会让你的情绪陡然升级，衍变得愈来愈强烈。

想法能影响情绪，同样情绪也能影响想法。例如，当你心情很好时，可能会产生这样的想法——"世界是美好的，我很有价值！"当你心情糟糕时，则可能产生另一种想法——"世界很丑陋，我也没有多少价值！"

与此同时，情绪还会促使人产生行动。人感到恐惧时会拔腿就跑，开心时会求抱抱，生气时会摔东西，或者去购物，悲伤时会哭泣，感觉到爱意时会去亲吻某个人……在山姆的故事中，当他愤怒的情绪被唤起后，整个身体也被唤醒了。这时他迅速把愤怒转化为行动——在高速公路上狂追那辆车。情绪的失控导致行为的失控，于是山姆的行为变得盲目冲动，甚至疯狂。

在高情商训练课中，原生情绪被定义为适应性情绪，即为了适应外界而采取的正常的本能反应。虽然这些情绪有的令人快乐，有的令人痛苦，但皆是人不可或缺的，也具有积极的意义，它能够真实反映你正在经历的事情。例如，山姆的恐惧能够真实反映他正处在危险之中。而衍生情绪则被看作是反应性情绪，往往是遭受挫折而引发的防御和攻击，它不仅会掩盖原生情绪，还会掩盖事情真实的样子，令事情越来越复杂，越描越黑，远离了事实。请看下面这个故事。

史黛西下班后高高兴兴回家，她对正在电脑边工作的丈夫说："今天我们单位的同事买了一款新包，真漂亮！"埋头工作的丈夫"嗯"了一声，抬头看了看她，没有说话。

"我也想拥有一个那样的包！"史黛西继续说。

丈夫又"嗯"了一声，没有抬头，继续看电脑。

这时史黛西心想："丈夫对我的话为什么毫无反应呢？他是不是不爱我了，如果他还爱着我，就不会这样的。"

与此同时，埋头工作的丈夫也在想："我每天忙得不行，她总是打断我的工作，一点也不尊重我，天天来烦我。"伴随这样的想法，丈夫背过身去。

丈夫的身体语言让史黛西很受伤，她大声指责丈夫："你根本就不爱我。"

史黛西的指责令丈夫感到愤怒，他摔门而去，留下史黛西伤心地在家中哭泣。史黛西边哭边想，她一直担心丈夫不再爱她了，但始终没有找到证据，今天终于找到了，丈夫不爱搭理她，还摔门而出，这些都是证据……她越想越生气，越想越伤心，最后竟然产生出想与丈夫离婚的冲动。

为什么原本一件小事最后却像滚雪球一样越滚越大，以至于不可收拾呢？这是因为衍生情绪掩盖了事情的真相。让我们来整理一下史黛西和她丈夫那些混乱的情绪。首先，史黛西高高兴兴回家，她有一种想与丈夫说话的情感需求，她选择的谈话内容是同事的新包。对于女性来说，购物几乎是永恒的交流话题。但是，对于正忙于工作的丈夫来说，史黛西的谈话打断了他的工作，令他感到烦躁。在烦躁中，他可能意识不到史黛西的原生情绪和她内心真正的情感需求。在他看来，史黛西只不过是又想花钱买东西了，她一点也不尊重自己正在工作。这样的想法令他衍生出厌恶的情绪，并产生出逃跑的身体姿势——转身背对妻子。然而，对于史黛西来说，她也很难意识到丈夫的原生情绪——烦躁，只能感受到丈夫衍生出来的情绪——厌恶，觉得丈夫嫌弃她，不再爱她了。她针对丈夫的衍生情绪做出了攻击性的反应——指责丈夫不爱她了。与此同时，丈夫也对史黛西的衍生情绪针锋相对，做出反应——摔门而去。

就这样，史黛西和丈夫在衍生情绪中你来我往，不断升级，犹如汹涌的浪潮，一浪高过一浪，却掩盖住了他们最初的原生情绪和真正的情感需求，即史黛西需要交流，丈夫需要尊重。史黛西真正要谈论的并不是那款包，或者说那款包对她来说并没有那么重要，丈夫能倾听她才是最重要的事情。而对于丈夫来说，那款包更不重要，重要的是妻子应该尊重他。如果史黛西和她丈夫能够就这些问题进行交流和沟通，就可以避免衍生情绪的风起云涌。实际上，很多夫妻之所以关系紧张，就是因为彼此没有在原生情绪上做很好的沟通，而是在衍生情绪上以牙还牙，让关系变得越来越僵。

高情商训练课又被称为"辩证行为疗法"，核心是接受和改变。也就是说，当你产生任何原生情绪的时候，你都应该敞开心扉去接纳它们。接纳原生情绪，你才能以非对抗、非破坏性的方式调整自己的感受，并做出改变。相反，如果你不接纳原生情绪，就容易把眼前的烦躁扩大成永久的痛苦。

任何人都可以获得高情商，但前提条件是，你必须准确辨识哪些是原生情绪，哪些是衍生情绪，而且还要知道衍生情绪经常是有问题的、消极的，很容易让人背离实际情况，陷入情绪化思维和行动。人们经常在衍生情绪的驱使下做出过激的行为，比如朝自己讨厌的人吐口水、破口大骂、大打出手，或者通过酒精和暴饮暴食来麻痹自己。衍生情绪不论是在生理上还是人际交往中，抑或在看清真相方面，对你与他人都没有好处。

希望这本高情商训练教程能够帮助你从衍生情绪中解脱出来，冷静客观地认识自己和他人，以及发生在你身上的事情，在生活和工作中更加游刃有余。

练习题1：感受5种情绪

请你花点时间，回忆一下最近一次强烈的情绪体验。是在今天吗？昨天？还是几个月之前？不论发生在何时，只要你试着去回忆，去感受就可以了。

愤　怒

回忆自己气得想要骂人、朝对方扔东西，或者想要暴揍对方一顿的经历和感受。越愤怒越好，不论那件事对你而言意味着什么。

情境再现：

___

当时的你对此情境有何看法（对情境的解读）：

___

愤怒的程度（0 ~ 100）：

___

产生的影响和最终后果（事情毫无变化、变得更糟，还是变得更好？）：

___

你花了多长时间才冷静下来？

___

冷静下来后，你感受到的愤怒程度（0 ~ 100）：

_____

伤　心

回想一次伤心得只想哭，想躲开众人独处的经历和感受，或者郁郁寡欢地沉浸在悲伤的诗歌、音乐或电影中不可自拔的经历和感受。越伤心越好，不论那件事对你而言意味着什么。

情境再现：

_____

当时的你对此情境有何看法（对情境的解读）：

_____

伤心的程度（0 ~ 100）：

_____

产生的影响和最终后果（事情毫无变化、变得更糟，还是变得更好？）：

_____

你花了多长时间才恢复平静？

_____

心情好转之后，你感受到的悲伤程度（0 ~ 100）：

恐 惧

回想一次你害怕得只想藏起来的经历，去体会那种惊慌失措甚至快要崩溃的感受。越害怕越好，不论那件事对你而言意味着什么。

情境再现：

当时的你对此情境有何看法（对情境的解读）：

恐惧的程度（0 ~ 100）：

产生的影响和最终后果（事情毫无变化、变得更糟，还是变得更好？）：

你花了多长时间才冷静下来？

心情放松之后，你感受到的恐惧程度（0 ~ 100）：

爱

回味自己被爱包围的体验，想想自己深爱过的人，回想让你强烈地感受到爱的时刻，不论那对你而言意味着什么。

情境再现：

当时的你对此情境有何看法（对情境的解读）：

爱的程度（0～100）：

产生的影响和最终结果（事情毫无变化、变得更糟，还是变得更好？）：

你花了多长时间才恢复到正常情绪？

当"爱"的情绪趋于平稳，你感受到的爱的程度是（0～100）：

幸 福

回想自己兴高采烈的时候，你会放声大笑，你会让周围的人为之振奋，此时的你自信而又阳光。回味自己最开心的时刻，不论那对你而言意味着什么。

情境再现：

_____

当时的你对此情境有何看法（对情境的解读）：

_____

幸福的程度（0～100）：

_____

产生的影响和最终结果（事情毫无变化、变得更糟，还是变得更好？）：

_____

你花了多长时间才冷静下来，恢复到正常情绪？

_____

当你"冷静"下来之后，你感受到的幸福的程度是（0～100）：

_____

读懂情绪是
调节情绪的第一步

高情商训练课的任务之一,是要训练你读懂情绪的能力。它不仅会训练你读懂自己的情绪,也会训练你如何正确读懂别人的情绪。

不读懂自己和别人的情绪,在人际交往中,你将寸步难行。

例如,读不懂山姆的愤怒,你会觉得愤怒是一团熊熊燃烧的火,十分危险,无法靠近,无法处理,也无法避免。但是,当你知道愤怒的来龙去脉以及其关键点之后,在愤怒发飙之前,就可以釜底抽薪,让它渐渐熄灭。如果等到愤怒的情绪已经积累起来,准备充分之后,一触即发之际,情商再高的人也很难阻止它们了。

读懂情绪是调节情绪的第一步,也是高情商训练的基础。

回想一下——

你的情绪是不是加热时快得像微波炉,散热时慢得像砂锅,而自己却一直不知道这是为什么?

你是不是有时候感觉"很糟糕"或者"很生气",但要问这种感受到底是什么,是怎么产生的,却又说不明白?

你是不是总是情绪化地说话办事,虽然认为这样不好,却始终无法有效地控制情绪,最后总是为自己的言行感到后悔?

……

很多时候,我们会像山姆一样跟着情绪走,却很少去注意自己的情绪,只有当愤怒、悲伤、内疚和羞愧的情绪如同潮水般淹没我们,以致行为导致灾难之后，才会猛然醒悟，但这时往往为时太晚，已经无法补救。

情绪的产生和衍变总是太迅猛，来去匆匆，让人来不及读懂。尤其是对于那些没有经过训练的人来说，他们不可能在情绪一露出苗头就立刻读懂它们。为了训练你读懂情绪的能力，高情商训练课采取的方法是，通过回忆过去的经历和感受，以慢镜头的方式放慢你情绪衍变的节奏，这样一来，你就能够仔细审视它们，弄明白情绪是怎样产生的，以及如何影响自己随后的感受和行为。

"口吐白沫的小狗"是我虚构的一个故事，可以用它演练一下如何通过慢镜头来读懂自己的情绪。

故事情节是这样的：你准备去街对面的便利店买一瓶苏打水，你在穿过马路时，看到一条狗正向你跑过来。这是一条德国罗威纳犬，虽然个头不大，但它的嘴里泛着大量的白沫，还伴随着咕隆咕隆的低吼声。这时候你突然心跳加速，感到肾上腺素涌遍了全身，你甚至还没来得及思考，就直直冲向了便利店。你认为一旦进了店门，自己就安全了。

这个故事从头到尾也许只有一分钟，如果事后不经过慢镜头回忆，你起伏的情绪很容易被忽略。为了读懂情绪，你可以把自己的经历和感受分解为如下四个步骤。

第一步：看清触发事件

世上没有无缘无故的爱，也没有无缘无故的恨，每一种情绪的产生都有一个触发事件，只不过，有时候，你对触发情绪的事件并不是很清楚。

看清触发事件是读懂情绪的第一步。比如，在上面的故事中，你要弄清楚："究竟是什么情况导致你产生了恐惧的情绪？"答案是一条不大不小的狗。至于吗？一条狗就能把你吓成那样。答案是，它不是普通的狗，而是一条口吐白沫的狗，很可能患有狂犬病。而且你还听到它在低吼——这种低吼声往往代表着敌意，所以，在你还没来得及问自己"这条狗会不会有攻击性"之前，恐惧的情绪就率先做出了反应，身体随即采取了逃避的行为。你应该感谢自己拥有恐惧这种情绪，是它提醒了你，你才避免了危险。

第二步：了解自己的想法

了解自己对触发事件的想法，即对触发事件的看法或解读，是读懂情绪的第二步。

当触发事件发生后，每个人对触发事件都会有自己的想法或看法。不同的看法会产生不同的情绪。比如，在"口吐白沫的小狗"故事中，如果你认为这条狗只是一条流浪狗，没有主人，它口吐白沫低吼，背后没有人指使，那么你的情绪反应可能只是恐惧。相反，如果你认为这条狗是受别人指使才冲你来的，或者你昨天刚刚跟狗的主人发生过争吵，那么你的情绪反应就会截然不同，衍生出的情绪便会翻江倒海，波涛汹涌。

第三步：知道自己的感受

当情绪产生时，你要知道自己在生理和心理上的感受。

情绪与生理感觉是紧密相连的。看见口吐白沫的狗低吼着冲向你时，首先，你所产生的恐惧情绪会让你的血液迅速流向骨骼大肌群，比如双腿，从而使你更倾向于逃跑；其次，随着血液向双腿流动，你的脸色会因缺血变得苍白，从而产生一种"毛骨悚然"的感觉；与此同时，恐惧时，你在心理上也会保持高度警觉，蓄势待发，以便于更好地做出回应。

仔细体会这种生理和心理感受，有利于你读懂自己的情绪。

第四步：留意自己的行动

伴随着情绪的产生，人会开始行动。比如，你看到口吐白沫的狗，内心感到恐惧，就会产生逃跑的行动。留意自己的行动可以让你了解情绪与行动的关系，觉察自己的情绪是不是陷入了冲动。

很多时候，当一个人情绪冲动时，他可能会说一些极端的话，做一些过火的事情，但自己却意识不到。例如，当山姆被愤怒的情绪淹没之后，就产生出了狂追那辆车的行动，而他自己却很难意识到情绪已经失控。

到这里，"口吐白沫的小狗"仅仅涉及到原生情绪，比较简单，也容易明白，如果故事继续发展下去，出现了衍生情绪，情况就会变得复杂起来——

接下来的故事是这样的：你慌慌张张跑进那家商店，遇到了一帮难缠的建筑工人，他们看到你被一条狗吓得脸色苍白，气喘吁吁，一副熊样，便开始嘲笑你。你能听到他们在交头接耳："你瞧见那人了吗？太弱了吧！""那人太没用了，还害怕一条狗，像个娘们儿！"或者更糟糕的是，连商店服务员也开始一起哄笑。

想必这时各种情绪会一齐袭来，错综复杂，让你不知所措。但是，不管情绪多么复杂，你都可以通过上面介绍的四个步骤来读懂情绪。

1. 看清触发事件

最初的触发事件是一条狗，现在除了狗之外，还多了一个触发事件——别人的嘲笑。而情绪也不像最初那么简单，仅仅只是恐惧，现在要复杂得多：既有愤怒，也有羞愧、难过或者自责。总之，这时你的情绪五味杂陈，犹如一团乱麻缠绕在一起。

2．了解自己的想法

如果触发事件仅仅是一条狗，你的想法会简单得多，现在加上了别人的嘲笑，你的想法或看法就复杂起来了。

而随着想法或看法的复杂，你的情绪也变得十分复杂。

如果你认为他们在嘲笑你的胆小和怯弱，那么，他们的嘲笑就会让你很受伤，你觉得自己受到了羞辱和贬低。为此，你会变得恼羞成怒。

当然，你也可能会产生这样的想法：如果自己不害怕那条疯狗，或者不表现出那副熊样，也许自己就不会被他们嘲笑了。为此，除了愤怒之外，你还会为自己的胆小和怯弱衍生出自责、自卑和羞愧的情绪，或者恨自己不争气，不像个男人。

除此之外，你还有可能产生另外一种想法：这帮粗人，他们根本不知道那是一条疯狗，我何必与他们计较，我知道自己并不胆小，我只是懂得爱惜自己，珍惜生命。这样的想法会让你的情绪超然事外，不会产生出衍生情绪。

3．知道自己的感受

在上面的故事里，具体有什么生理和心理感受，要根据你对触发事件的想法或看法而定。

如果你的看法导致了恼羞成怒的情绪，那么你的血液会往上涌，原本苍白的脸变得铁青，牙关紧咬，呼吸变得短促，心跳加快。

如果你的看法导致了自责和羞愧，那么你会为自己的胆小感到脸红。

如果你的看法让你超然事外，那么，你会感到内心的笃定和高远。

4. 留意自己的行动

基于不同的情绪，你会采取不同的行动。

如果陷入愤怒的情绪，你会不管不顾，准备大骂对方，或者大打出手，但是由于对方人多势众，吃亏的肯定是你。

如果陷入自责和羞愧的情绪，你很可能敢怒不敢言，只能在别人的嘲笑声中仓皇逃走，并为自己的软弱可欺而深深地恨自己。

如果你是一个情商很高的人，既能读懂自己的情绪，同时也能读懂那帮建筑工人的情绪，知道他们很苦闷，很无聊，正在寻求刺激，那么，他们的嘲笑就无法激怒你，羞辱你，并让你产生衍生情绪，这样一来，你不仅能避免成为他们寻求发泄的牺牲品，还能按照自己那天原定的计划去做有意义和有价值的事情。

在高情商训练课中，你会发现读懂情绪非常重要。

读懂情绪，意味着你要读懂情绪的来龙去脉，以及它们可能的发展趋势。如果对情绪的产生和衍变懵懵懂懂，对情绪的生理反应和心理反应一知半解，对情绪引发的行动毫不留意，那么，你多半无法掌控情绪，反而会被情绪掌控。

有关读懂情绪的内容，我们将在后面的课程中详细讲解，这里仅仅简单提及。

情绪的作用

每一种情绪都有自己的作用——明白这一点很重要。

如果你正用这本书学习如何高效掌控情绪，那你可能会好奇：我们为什么总是如此情绪化？这些情绪到底有什么作用，对我们又有什么好处？

情绪有如下几种作用——

情绪能激发你的行为

当一种特定情绪被激发后，你全身都会变得警觉。愤怒能让你的身体和心理都变得充满攻击性。恰当的愤怒可以捍卫自己的尊严，让别人知道你做人的底线。如果你不会愤怒，不敢愤怒，你在学校就容易遭到霸凌，在社会上常常被人欺辱。

恐惧让你随时准备逃跑——当你有了害怕的情绪时，你的身体正蓄势而逃。

不管被激发的是什么情绪，你身体的每一个零件都会立刻做出回应，并采取行动。

情绪能为你提供重要信息

每一种情绪都会给你提供重要的信息，恐惧提示你身处危险，悲伤提示你失去了重要的东西，而快乐和幸福则提示你自己的需求得到了满足。

情绪就好比行动探测仪，或者说警报系统，它能精准地告诉你当下正在发生着什么事。这个警报系统能侦测到有形危险，或者告诉你应该怎样去与人交往、与人互动。

读懂自己的情绪至关重要，这样你才知道它们在暗示着什么，是该小心提防还是敞开心扉。唯有如此，你才能在了解自己的基础上，打造更加牢固的人际关系。

情绪能激励人心

是情绪触发了行为。这些行为可能是工作、恋爱、觅食或者享乐，而激动人心的情绪能帮助你在奋斗过程中克服困难。

妒忌并不全是负能量，也许它会让你更渴望维护自己的恋爱关系，从而对自己的另一半更加上心。

愤怒也许会让你在被不公平对待时为自己申诉。相反，那些抑郁症患者和精神分裂症患者则丧失了情绪反应的能力，对任何事都提不起兴趣。这类人不仅失去了爱的能力和工作的能力，容易失恋和失业，而且由于他们无法获得情绪反馈，所以也无法保证自己的人身安全，最终可能成为意外的牺牲品。

情绪能帮助你与人沟通

情绪能帮助你与他人进行沟通和交流，这种帮助不仅仅是组织语言，也会体现在面部表情、手势以及语音语调上。与人交谈时，如果你不知道自己正呈现出怎样一种情绪状态，或者不知道对方的情绪状态，这种交谈便达不到预期的效果。

情绪是一种主观感受，你的感受只有你自己知道，别人只能通过你的语言、面部表情、身体姿势和行为来阅读你的情绪。所以，有时候，让别人知道你的感受，以及为什么有这种感受，是相当重要的。但这一点做起来并不容易。

比如，假设你的男朋友不顾及你的感受，对你的外貌品头论足，你会产生什么情绪呢？恭喜你，答对了，你会产生"愤怒"的情绪，并有可能说出这样的话来——"去死吧！"或者还伴随着"把盘子往地下一摔"的行为。但是，你知道你的愤怒会让男朋友产生什么样的感受吗？他可能意识不到自己的行为伤害了你，反而会觉得你这个人脾气不好，攻击性很强。为什么呢？因为你跳读，或者漏掉了自己的一种情绪，至少是没有把这种情绪清楚地表达出来。这种情绪是伤心。男朋友的话首先伤害了你的自尊，让你感到伤心，接着才让你产生出愤怒的情绪。也就是说，你伤心的情绪发生在你愤怒的情绪之前。但是由于伤心这种情绪出现的时间很短暂，昙花一现，常常被人漏掉、忽略或者掩盖，而只能体会到愤怒的情绪，并肆意将愤怒表达出来。但是，如果你是一个高情商的人，对自己的情绪很了解，当男朋友的言论伤害你之后，你就不会跳过伤心的情绪，而是会把这种情绪表达出来，这样一来，你的男朋友就能意识到自己的言论伤害了你。当然，如果你的男朋友是一个高情商的人，他也能从你的愤怒中读出你的伤心，知道是自己的言论伤害了你。因为他明白：每一种尖锐情绪的背后都隐藏着一种柔软的情绪。

共情能力，意味着心有灵犀，在人与人的交流和沟通中有着不可替代的作用。但是，共情能力的前提，是要读懂自己的情绪，并准确把它们通过语言和微表情流露出来。

一个人丧失了情绪反应的能力，也就丧失了与人沟通的能力。

以上所述可以用一句话来概括：情绪与生俱来，是你生命的助手。

很多时候，情绪是你安全和幸福的守护者，即便是恐惧的情绪，也能帮助你远离危险；而爱的情绪则能帮助你建立和维护人际关系。

在这里，我们有必要区分一下这三个概念：情绪状态、情绪特征以及情绪异常。

当你愤怒或伤心的时候，会呈现出某种独立的情绪状态，这种状态就叫"情绪状态"。情绪状态是暂时的，每个人都可以进入很多不同的情绪状态。

如果你很容易陷入某一种情绪状态之中，比如，你遇到问题时总是容易急躁和愤怒，那么我们就可以说你具有易怒的情绪特征。如果你遇到困难时总是习惯往坏里想，令自己忧心忡忡，我们就可以说你具有焦虑的情绪特征。在一定程度上，情绪特征代表了一个人的性格特质，是你在回应问题时习惯表现出的情绪倾向。不过，对于具有不同情绪特征的人来说，虽然他们很容易陷入某一种情绪状态之中，但并不妨碍他们对其他情绪的感受和表达，易怒的人也能感受到平和，伤心的人也能感受到幸福，焦虑的人也能感受到快乐。

但是，如果你被某种情绪持续控制，或者一种情绪长久占据主导地位，以至于影响了你对其他情绪的感受和表达，那么这就属于"情绪异常"，比如严重的慢性抑郁，或者是广泛性焦虑障碍。适当的抑郁和焦虑都是正常的，但当你被抑郁或者焦虑的情绪长期控制之后，你就无法对外面发生的事情做出正确的情绪反应，你反应的仅仅是你内心衍生出来的情绪。比如，抑郁症患者，不管是遇到高兴的事，还是不高兴的事，他们都会用抑郁的情绪来反应。所以，你有任何情绪都是正常的，但是你被任何一种情绪控制都是不正常的。

每个人天生都有情绪，为什么有的人情商高，有的人情商低呢？这是因为低情商的人常常情绪紊乱，或者理不清自己的情绪，无法恰如其分地对事件做出回应，而这种紊乱也不是天生的，我们完全可以通过训练让它们恢复正常。

但是，要训练自己对事物做出正确的情绪反应，我们就需要对情绪和它的作用有所了解，下面列举了几种情绪的作用。

愤　怒

血液会涌向手心，从而让你更容易去拿起武器或者去攻击敌人。同时心率会加快，激素水平（比如肾上腺素）会飙升，也很容易让你做出鲁莽的举动。

恐　惧

恐惧是最好的礼物，能让你察觉身边的危险，及时采取行动。不恐惧的人除了鲁莽，就是脑残。

恐惧会为我们提供重要信息，警示潜在的危险。

恐惧会提醒我们远离醉酒驾驶的司机，避开狂吠的狗，不走进黑暗的胡同，等等。如果你把你的恐惧视为软弱或悲观，记住这只是你个人对恐惧的判断，你并没有把它当作一种原生情绪来处理。此外，如果你被恐惧控制，可能会导致一系列破坏你生活质量的逃避行为。在社交场合被羞辱的人可能会从回避当事人开始，发展到避免外出甚至发展到广场恐惧症。在许多情况下，恐惧可以让我们变得小心谨慎，但我们毕竟还是要融入生活。

幸　福

幸福感会增加脑部的活跃性，抑制消极情绪，从而使你充满能量，对即将来临的任务和各种人生目标摩拳擦掌，充满激情。

爱

爱是一种从对一个人的迷恋逐渐上升到奉献的情感，比如对配偶或朋友。

爱能激励我们参与到各种人际关系中。

与此同时，柔情蜜意和性满足会激发副交感神经系统，这是一种与由恐惧和愤怒引发的战斗逃跑倾向相对立的机能。副交感神经系统会强化你的松弛反应，这种全身性的反应能使你不由地配合，使你趋于平静和满足。

惊讶

惊讶会让人抬起眉毛，这能扩大你的视野，让更多的光线射入。这个动作会让你捕捉到更多信息，了解到当下发生了什么事，并制订出最佳行动计划。

厌恶

人类学研究表明，人们产生厌恶时所做的表情都是一致的——上嘴唇向一边歪曲，鼻子轻微一皱。这个表情预示你正试图关闭鼻腔，防止讨厌的气味进入，或是吐出有毒的食物。当然，不仅仅是防止讨厌的气味和食物，还有讨厌的人和事情。

悲伤

悲伤意味着你正遭受着一种重大的损失，比如某个亲人的死亡，或者某种巨大的失望。悲伤会让你对生活的热情急剧下降，尤其是对娱乐活动失去兴致。随着悲伤加重从而转向抑郁，身体的新陈代谢也会逐渐减缓。

悲伤是损失后的惋惜,是希望破灭后的叹息,是某个生命陨落后的哀悼。

与此同时,悲伤在提醒你得失的同时,也会告诉你什么对你来说才是真正重要的:你的名声、你的家庭、你的宠物,或是你的孩子。

不要忘了,悲伤这种情绪还会提醒你周围的人,告诉他们你需要鼓励和关心,从而主动去帮助你、关爱你。即使是在部落文明中,悲伤时,人们也会更想念家,与家人寸步不离。这不仅是因为在家中感到安全,更是因为能从家人那里获得理解和安慰。正如西班牙哲学家乌纳穆诺说的那样:"身体因快乐而结合,心灵因悲伤而靠近。"

内 疚

为什么要重视内疚的情绪?内疚与羞愧有什么不同?

羞愧是一种"有害"的情感,内疚则是对实际错误的适当反应。

如同其他情绪一样,内疚会提醒你所犯下的错误,并提示你通过道歉或者送礼物等方式来修补关系。无论怎样,内疚可以有效地帮你纠正错误。内疚是痛苦的,它会促使你改变自己的行为。内疚通常与各种社交情景紧密相连,通过对内疚作用的了解,你会发现有相当多的内疚不能达到羞愧的程度。

总之,情绪能充当你生命的助手,让你的行为系统保持运转,随时准备采取行动。同时它也充当着警报角色,告诉你当下正发生着什么事。虽然想法能够影响情绪,但是很多时候,情绪能快过想法,可以让你做事更高效。

练习题2：愤怒、焦虑、难过和内疚的作用

不要试图消灭情绪，你需要它们。

你要做的只不过是更加有效地管理情绪，让它们在正确的时间出现在正确的场合，而不是让自己任由它们控制。

读懂情绪是管理情绪的前提。下面的练习可以教会你读懂愤怒、焦虑、难过和内疚，发现它们不同的作用，以及会产生的行为。

阅读每个故事，请你回答随后的问题。（答案将在本书结尾揭晓）

1.凯拉养了一只可爱的小花猫，一天她正坐在摇椅中摇来摇去，悠闲地望着远山，而小花猫则在身边跑来跑去，她感到幸福极了。谁知一不小心，小花猫的腿被摇动的椅子压住，骨头被压断了。小花猫痛得直叫。看着小花猫可怜的样子，凯拉赶忙开车把它送到宠物医院。接待凯拉的是一位中年男子，他不紧不慢地来到前台，对忧心如焚的凯拉爱答不理。

请将凯拉可能产生的情绪圈出来。

愤怒　焦虑　难过　内疚

这种情绪的作用是什么？

_____

这种情绪可能促使凯拉做出什么样的举动以解决问题？

_____

2. 约书亚和女朋友埃米莉已经交往了好几个月。一切都进展得很顺利，直到上星期，约书亚开始发现埃米莉不像从前那样经常给自己打电话和发短信。约书亚要加班，而埃米莉最近也很忙，所以这星期他们见面的时间不多。约书亚计划着这个周末要与埃米莉一起过，但是埃米莉没有回复他的短信，所以他担心埃米莉可能打算和自己分手。

请将约书亚可能产生的情绪圈出来。

愤怒　焦虑　难过　内疚

这种情绪的作用是什么？

___

这种情绪可能促使约书亚做出什么样的举动以解决问题？

___

3. 妮可与最好的朋友萨曼莎发生了争执，她们不再理睬对方。一个星期过去了，萨曼莎还是没有打来电话，但是妮可也不想先低头认错。她没有去参加两个人早已计划好的周末聚会，而是待在家里看电视。她干什么都提不起劲儿，谁也不想搭理。

请将妮可可能产生的情绪圈出来。

愤怒　焦虑　难过　内疚

这种感受的作用是什么？

___

这种感受可能促使妮可做出什么样的举动以解决问题？

---

4. 大学毕业后，马特被纽约一家证券公司录用，一天下班前，上司找到马特，吩咐马特第二天跟他一道去拜访一个重要客户。马特很兴奋，这是一个难得的机会，同时也说明上司很喜欢他。但是由于太兴奋，马特失眠了，第二天没能按时起床。当他急急忙忙赶到公司时，发现上司已经足足等了他20分钟。上司见到马特后什么话也没有说，便带着他急匆匆去拜访客户了。

请将马特可能产生的感受圈出来。

愤怒　焦虑　难过　内疚

这种情绪的作用是什么？

这种情绪可能促使马特做出什么样的举动以解决问题？

你能回想起自己体验以上四种情绪时的情境吗？

请你花点儿时间，回想一下这些情绪带来的作用，以及当时的自己为了解决问题做出了什么举动，然后在下面的空白处写下自己的体验：

有一次，我觉得很愤怒：

愤怒的作用:

_____

我的举动:

_____

有一次,我觉得很焦虑:

_____

焦虑的作用:

_____

我的举动:

_____

有一次,我觉得很难过:

_____

难过的作用:

_____

我的举动:

_____

有一次，我觉得很内疚：

_____

内疚的作用：

_____

我的举动：

_____

第 4 课

将想法、情绪和行为分开

想法、情绪和行为搅在一起时,就相当于火遇到了油,又遇到了风。

读懂情绪需要把情绪的发生和衍变过程通过慢镜头分解,但这还不够,还需要我们把想法、情绪和行为分开。

个个击破,是掌控的秘诀。

高情商训练课的创始人玛莎·莱恩汉博士说:"观察情绪,就要学会从情绪中分离出来;控制情绪就得与之分离,方能应对自如。"

前面,你已经了解了情绪产生的作用。接下来还有一件重要的事你一定要知道,那就是想法、情绪和行为之间的区别。人们常常把这三者混为一谈。比如,如果有人问你感觉怎么样,你回答:"我觉得根本没人能理解我。"你谈的实际上并不是情绪,而是一个想法。我们也常常会对行为和情绪不加分辨。你认为愤怒是不好的,但这时候你脑海里想到的也许是愤怒时表现出来的行为,并不是愤怒的情绪本身。愤怒没有问题,但是因愤怒而朝别人叫嚷或扔东西却是不妥当的。人们之所以容易把自己的情绪、想法和行为混为一谈,是因为它们彼此之间联系得实在是太紧密了。

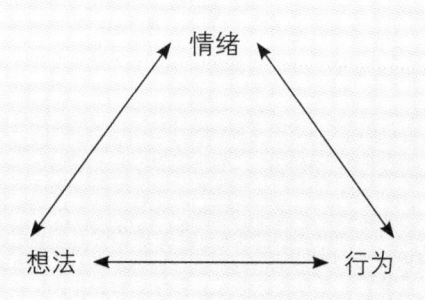

```
        情绪
       ↗  ↖
      ↙    ↘
   想法 ←——→ 行为
```

这幅图展示了行为如何影响情绪和想法，想法如何影响情绪和行为，而情绪又是如何影响想法和行为的。例如，玛丽弄丢了她很喜欢的一部手机（一种行为）——她感到很郁闷（一种情绪）——她想："我太粗心了，真是个白痴！"（一种想法）这是行为影响了情绪，情绪又影响了想法。

同样，想法也可以影响情绪和行为。例如，玛丽认为自己是个白痴的想法——会让她变得更沮丧（一种情绪）——还有可能让她对自己很生气（另一种情绪）——最后她可能会气得把自己桌子上的纸撕碎（一种行为）。这是一种由自我否定的想法和自我毁灭的行为所导致的恶性循环。

相反，如果玛丽弄丢了她很喜欢的手机（一种行为），感到郁闷（一种情绪）之后，她不是陷入自我否定的想法，而是产生了另一种想法："错误总是难免的，人无完人。"那么她很可能会原谅自己的过错（另一种想法），并感到轻松（另一种情绪）。或者玛丽在弄丢手机，感到郁闷之后，能够出去散散步（一种行为），这也可能让她重新振作起来。

正确区分想法、情绪和行为，有助于我们更有效地管理情绪。

练习题3：是想法、情绪，还是行为？

读一读下面的句子，你认为它属于想法、情绪还是行为？请将正确的答案圈起来。（答案将在本书结尾揭晓）

1. 我讨厌新来的上司。 想法　情绪　行为
2. 我很担心下周的考试。 想法　情绪　行为

3. 我迫切需要一部新手机。想法　情绪　行为

4. 我做家务活。想法　情绪　行为

5. 我和父母亲发生了争吵。想法　情绪　行为

6. 我以后再也没有机会了。想法　情绪　行为

7. 我对于自己没有去参加音乐会感到很生气。想法　情绪　行为

8. 我在上网。想法　情绪　行为

9. 我喜欢这只新养的小狗。想法　情绪　行为

10. 我和闺蜜逛商场。想法　情绪　行为

11. 祖母送给我当生日礼物的毛衣我不是很喜欢。想法　情绪　行为

12. 男朋友不理解我，我感到很受伤。想法　情绪　行为

如果你觉得分辨起来很困难，也不用担心——大部分人都不习惯对它们加以区分，所以你自然也得花些时间才能把自己的想法、情绪以及行为区分开来。不过，请你一定不要放弃努力，因为这对更好地控制情绪以及由情绪引发的行为很有帮助。

练习题4：理清自己的想法、情绪和行为

下面练习中的空白表格可以用来帮助你理清自己的想法、情绪和行为。我们推荐的理想做法是：把那个表格多打印几份，每当体验到强烈的情绪或是对某种情境感到迷惑时就填写一份。在体验完成之后再填写也可以。作为范例，我们以雅各布的故事为蓝本，给出了下面这个已经填好的表格。

雅各布暗恋上一个人，她是公司新来的同事，人长得很漂亮，性格也很开朗。但是雅各布不确定对方是不是喜欢自己，也不敢主动接近他心中的女神。

雅各布在大学时曾经向一位女同学表白过，却遭到了拒绝，他清楚地记得那段痛苦、自卑和羞愧的灰暗日子，当时的他伤透了心，以为再也不会有人喜欢自己了，而自己再也不会恋爱了。

可是，自从看见这位心仪的女神后，他爱的火焰又重新燃烧起来。他有时会想能够和她在一起该是多么幸福的一件事情，有时则又会想如此迷人的女人怎么能看上自己呢？万一被她拒绝，自己在公司里该多丢人，抬不起头呀！他害怕往事重演，又怕失去机会。

最后，雅各布还是鼓足勇气主动与对方接触。

不久，他与她便开始了约会。

情 境	想 法	情 绪	行 为
公司新来了一位单身女性，我很喜欢她	如果我又被拒绝了怎么办？大学时被拒绝的经历可真是一场灾难	害怕、担心、羞愧、丢人	无论如何，我都要主动接触对方。争取与她约会
尽你所能描述引发你的想法、感受和行为的情境，越详细越好。在你产生这样的想法和感受或是采取行动之前，发生了什么事	你对当时的情境有何想法？其中可能包括疑问、回忆、想象和评判等内容	你当时有什么感受？如果实在无法分辨自己的感受，就从这四种基本情绪开始：愤怒、难过、恐惧以及喜悦	在当时的情境下你做了什么？请描述你实际采取的行动，而不是心中的冲动或打算要做的事

想法和感受都不是事实

尤其需要提醒你的是，你产生了某种想法或感受，并不意味着它们就是真的。你可能会想："我再也没有机会了"或者"再也不会有人喜欢上我了"，但那只是一个想法，不是事实。你可能觉得自己备受冷落，但那并不意味着你真的被冷落了——只是你心中这么觉得而已。

我们的想法和感受并不是事实，却常常让人误以为是真实的，并成为我们情绪的内部触发器。在日常生活中，当人们说"那个人让我很生气""那首歌令我很感伤""那件事令我很遗憾"时，就碰到了情绪触发器的问题。情绪触发器有两大类：一类来自外部世界，称为外部情绪触发器，包括交通堵塞、阴雨绵绵、疾病和死亡等；另一类来自内心世界，称为内部情绪触发器，包括回忆、想法和感受等。外部情绪触发器是客观发生的事件，内部情绪触发器是自己主观的臆想和判断，缺少客观的依据。但是，恰恰是这些没有依据的内部情绪触发器，让我们的情绪与实际情况脱节，陷入了混乱，并火上浇油地让自己的情绪失去了控制。

所以，请你一定要记住：回忆仅仅是回忆，并不是现实；想法仅仅是想法，并不是事实；感受仅仅是感受，并不是真实的存在。牢记这一点很重要。

下面列举了一些可能引发情绪波澜的内部情绪触发器——

愤　怒

对我来说，能引发愤怒的内部情绪触发器有：

想到别人故意冷落我

纠结于过去犯的错误

想到不开心的事情或不公平的事

想到被诈骗、被欺骗和背叛的经历

想到本以为是失误其实是蓄谋已久的恶意

想到被偷窃的经历

想到对我说谎或背叛我的人

想到自己的不公平待遇

想到生气的经历

想到我得不到的东西

想到我无法拥有的东西、无法到达的地方和无法做的事

……

悲 伤

对我来说，能引发悲伤的内心情绪触发器有：

想到失去的东西

想起和爱人分手

想到已故的深爱的人

想到变故

想到别人不喜欢我，或不想和我在一起

沉溺于伤心的事

想到和所爱的人或朋友再也无法重归于好

想到我永远也得不到的东西

想到我喜欢的人可能不喜欢我

想到曾经爱过的人现在杳无音讯

想到曾经看过的悲伤的电影

想到我思念的人

想到去世的宠物

想到参加过的一次葬礼

想到不再联系的好友或爱人

……

恐　惧

对我来说，能引发恐惧的内部情绪触发器有：

想到被困于恐怖的场景

想到可能的失败

想到我会遇到危险

想到我能力不够

想到别人拒绝我

认为我要完蛋了世界也要完蛋了

想到某人对我大吼大叫

想到工作中可能因失误被炒

想到我无法掌控的事情（生活中、爱情中、学校、困难）

想到过去曾遇到的恐怖的事

想到向一个恶老板提出升职要求

想到在公共场合尴尬或犯蠢的经历

……

内　疚

对我来说，能引发内疚的内部情绪触发器有：

想起过去犯的错

想到自己很蠢

想到自己的失败经历

纠结于发生的尴尬场面

想到有人讨厌我所做的一切

想到别人认为我很蠢

觉得自己很丑或太胖

想到别人每一方面都比自己强

想到自己不被人所爱

想起自己说谎、偷东西或骗人的经历

……

当你善于识别自己的内部情绪触发器后，也就能更好地管理它们，以及它们可能触发的情绪。但是，对于大多数人来说，外部情绪触发器相对容易识别，要识别哪些是内在的情绪触发器就比较难了。

下面这项练习，为的是提醒你留意自己想法、感受和行为的区别，同时还会帮助你从自己的想法和感受中挣脱出来——换句话说，对自己的想法和感受进行观察，同时牢记：它们并不是事实。

练习题5：观察自己的想法和感受

你可能需要找个人帮你念出下面的提示，直到你对这项练习非常熟悉为止。

在河流中观察自己的想法和感受

用一个放松的姿势坐着或躺下，闭上眼睛。想象着自己站在一条浅浅的河里，水流缓缓地从你的双腿流过，高度大概刚好漫过你的膝盖。你的想法和情绪开始慢慢地随着水流漂浮而来，又从你的身边流过，请你站在水中，用心观察它们。

当它们流经你的身边时，不要试图抓住不放，只需要看着它们漂过，继续朝下游漂去。如果你发现自己不由自主地对其中一个想法或是感受加以思考，以至于跟着它一起朝河流下游走去，只要重新回到原来的位置就好。把所有注意力重新拉回到这个练习中来，只要观察即可。请你尽力不对任何漂过的想法和感受进行评判，只需要体察到它们的出现即可。

在云朵间观察自己的想法和感受

想象自己躺在一片如茵碧草上，看着天空中一朵朵松软的白云。在每一朵云上，你都能看见自己的一个想法或感受。它们缓缓从空中飘过，请观察它们，但不要加以评判，不要为它们贴上标签，只要看着它们从自己的头脑中飘过就好。

不要试图抓住其中的一个想法或感受不放，不要对其中的某个想法或感受加以思考，你要做的仅仅是留意到它们。如果你发现自己不由自主跟着其中某一朵云走，请把自己重新拉回到草地上躺下。如果你发现注意力有所分散，只要把它拉回来，继续不加评判地观察自己的想法和感受即可。

到目前为止，我们介绍了原生情绪和衍生情绪，以及情绪存在的作用，知道了想法、情绪和行为之间的关系，还学习了如何把想法和情绪仅仅看作想法和情绪，而不是当作事实。为了进一步观察和了解自己的情绪，接下来我们将讲解高情商训练的第二大技能：自我关注。

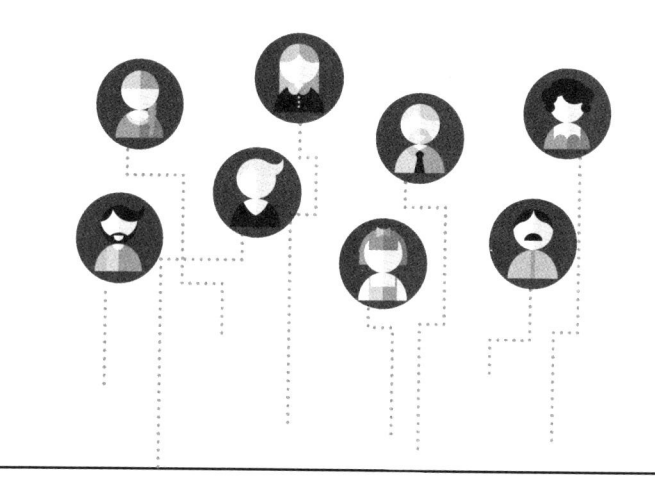

高情商训练的
第二大技能：
自我关注

Part
<<< 2

跳出自己，
观察自己

　　人之所以不了解自己的情绪，是因为没有与情绪保持距离，以至于深陷其中。我们知道要观察一个东西，就必须与这个东西拉开一定的距离，如果你与这个东西粘在一起，没有距离，也就不可能看见这个东西真实的样子。

　　情绪也是这样，正是由于情绪紧紧粘贴着你，所以，你才难以了解它们，并成功掌控它们。为了与自己的情绪和想法保持适当的距离，高情商训练课的创建人玛莎·莱恩汉博士运用了自我关注的技能。

　　自我关注是指你在不加评判或者对任何东西不加批评的前提下，对你当前的想法、情绪、身体感觉和行为的一种认知。自我关注是训练高情商最基本的技能之一，需要人作为一个观察者，而不是一个亲历者，去留意自己此时此刻的想法、感受和行动，不对它们做任何评判和反应，就像站在河边观察河水流淌，让该到来的到来，让该流走的流走。

　　由于这一技能高效实用，可以让人保持清醒、驾驭情绪、控制行为，现在，几乎全世界的心理医生都在采用，成为了心理治愈的重要手段之一。

　　但是，要做到这一点并不容易，很多时候，你很难不对遇到的事情进行评判和反应。比如，当你看到淘气的儿子在房间里横冲直撞，闹个不停的时候，你会说："这个熊孩子真讨厌！"或者当你在跟电话那头的朋友聊天时，父母却不停地打断你，问你有没有找到女朋友（或者男朋友），问你学校里的事情或者工作上的事情，这时你就会在心中评判说：

"烦死人，你们总是这样，难道就不能等会儿吗？！"这些评判会让你失去观察者的客观立场，陷入自己的情绪之中，这就相当于你放弃站在河边观察的身份，而跳入滔滔的河水之中，只能被情绪的河水冲走。

本书开头故事中的山姆，当他对那个司机做出评判——"那个家伙是故意的！"之后，自己便陷入了情绪的洪流中，再也无法冷静客观地去留意自己的想法和情绪了。

自我关注最重要的内容之一，是要观察那些引发激烈情绪的评判和念头，把它们消弭在萌芽状态，不让它们兴风作浪。

但是，如果不经过训练，绝大多数人都不知道该如何关注自己心中的念头。

如果我说，你常常对自己的念头浑然不觉，你会不会觉得有点儿奇怪？

但是仔细想想：倘若别人突然问你在想什么，你会不会发觉自己并不太确定呢？你有没有过这样的经历，读书或看电视时，突然发现自己的思绪已经飘到十万八千里以外，对书上或节目里讲的内容根本一头雾水？

事实上，我们真正能够觉察到自己所思所想的时候并不多。一般情况下，我们只会任由思绪飘飞，根本不去注意它们，更不会尝试驾驭它们。这种情况下就可能滋生问题。

假设你正坐在大学教室里，老师在讲课，你却很难集中精神听讲。于是你放弃努力，开起小差来。你一会儿琢磨着午餐时要和谁坐在一块儿，一会儿回忆起昨天和女朋友闹的别扭，一会儿盘算着周末要干点什么。你的念头就在这许许多多的事情当中跳来跳去。没准儿你还会做个白日梦，幻想自己大学毕业了，解放了，再也用不着坐在这儿无聊地熬日子了。你想象着自己离开了学校，找了份工作，过上了自食其力的生活。所有这些念头一个接一个地冒出来，你的思绪也跟着从一个地方飘到另一个地方，带着你一起肆意漫游。这样的时候，你可能完全意识不到自己在想什么——说不定老师刚刚公布了下一次考试的通知，可你压根没听见。

大部分人都是这样生活的：任由念头带着自己天马行空，总是被念头控制，而不是控制念头。这些念头能够从过去跳跃到未来，却很难停留在当下。

当下也许并不精彩，也不是完全无忧无虑，但是我们可以这么想：如果你能够活在当下，关注自己此时此刻的想法、感受和行为，这意味着你已经跳出自己，把自己当成了一个观察者，而不是一个亲历者，这样一来，你就能做到冷静客观，不会陷入自己的情绪无法自拔。

自我关注有四大作用——

其一，当你作为一个观察者，把自己当成观察对象之后，你与自己的想法、感受和行为之间就能够保持一定的距离，避免出现当局者迷的情况。如果前面提到的山姆能够把自己当成一个观察者，去观察自己的想法和愤怒，就能觉察到自己的冲动，不至于让自己的情绪和行为完全失控。

其二，自我关注能够防止你分心走神。自我关注要求你不做评判，因为当你评判自己的想法、感受和行为的时候，就无法专注于正在发生的事情，也就更容易出现分心走神。例如，很多人花大量时间评判已经发生的错误和将来可能发生的错误，当他们这样做的时候，注意力就没有放在眼前，而是飘到了过去和将来。而自我关注让你专注于自己正在做的事情，由于旁观者清，即使出现分心走神的情况，你也能够及时察觉，然后再把注意力拉回到当下，继续停留在此时此刻发生的事情上。

其三，自我关注可以纠正自己的偏见。乔恩·卡巴金说："我们太容易被一些思想给禁锢了，它们是狭隘的、碎片化的、不精准的、虚幻的、自私的，以及错误的。"自我关注能够让你放弃对于自我、他人以及现实的固有观念。通过练习，你对事物的感知能力将大大加强，并且能在酿成后果之前就认识到自己的偏见。

其四，自我关注要求你作为一个冷静的旁观者去观察自己，而不是一个评头论足的评判者，这就意味着你能够全面了解自己和自己的感受，不管是心中的念头，还是突然冒出来的情绪，抑或那些让你分心的事物，你都能体验到，无一遗漏。在此基础上，你才能做到真正地、完整地、深度地接纳自己。

下面这个故事，名叫"洛丽塔的一天"，它将告诉大家，缺乏自我关注，很容易分心走神，让生活一团糟。

洛丽塔毕业于哈佛大学，如今在麻省理工学院附近的一家公司工作。能够从哈佛大学毕业说明她的智商不低，但最近她却频频出错，一副低情商的模样。

一天早上，上班时，她怎么也找不到车钥匙，花了半个小时找到钥匙后，匆忙赶路，最后还是迟到了，没赶上一场会议的开场。当她火急火燎推开会议室的门时，刚好打断公司老板的重要讲话，这让她很难堪，对自己很生气。

会议结束后，她回到电脑前，发现有一大堆邮件需要处理，这让她更加烦躁。她急匆匆回复邮件，不小心却把一份出言不逊的答复发给了自己的上司。

由于忙着收发邮件，她差点忘记上交中午前截止的一个项目。

由于匆忙拼凑项目内容，她没有时间吃午饭，这令她更心烦。

但更令她心烦的事情还在后面，两个小时后，上司告诉她，她提交的方案质量完全不合格，上司对她非常不满。

从表面上看，是找不到钥匙才影响了洛丽塔的一天。

实际上，是因为她缺乏自我关注，分心走神，没有留心自己正在做的事情，才导致情绪和行为失去了主宰。

如果头天晚上，她回家放车钥匙时，能够自我关注，稍微留心一下放钥匙的地方，第二天早上就不会忘记车钥匙放在了哪里。很多时候，人们忘记一件东西，是因为在放这件东西的时候分了神，手在放这件东西，心却在想着别的事情，对放东西这个动作缺乏关注。

如果洛丽塔在找钥匙的时候，能够集中注意力去找，而不是心猿意马，一边找钥匙，一边做评判："快点，自己要迟到了，迟到了怎么办？"或者回忆过去迟到挨批的种种尴尬情形，那么，她就不会陷入焦急和烦躁之中，从而影响找钥匙的效率。

如果洛丽塔迟到之后，能够自我关注一下，带着接纳的态度专注于当下的体验，对自己的想法、感受和行为不加任何评判，不自责，让情绪稳定下来。那么，她就不会火急火燎"砰"的一声推开会议室的大门，打断老板的讲话，让自己陷入难堪和自责当中。

如果会议结束后，洛丽塔不纠缠已经过去的事情，而是把注意力全部放在现在，专心致志做手头的事情，她就不会发错邮件，并忘记那个中午截止的项目，也不会让自己搓火的情绪继续升级。

如果在做那个项目的内容时，洛丽塔没有强烈的负面情绪，既不生自己的气，也不生别人的气，能够做到心平气和，那么，她提交的方案质量一定比原来的好很多。

总之，由于洛丽塔没有进行自我关注，或者缺乏自我关注的训练，小小的一把钥匙却滚出了一个大大的雪球，碾压了她的生活和工作。

第 6 课　　　　　　　　　　Don't Let Your Emotions Run Your Life for Teens

自我关注的技能

自我关注是一种技能，能够帮助你作为一个旁观者来了解自己，让你的头脑更加清醒，活在当下，对生活更有热情。玛莎·莱恩汉博士将这种技能分为两个部分：一部分是"是什么"技能，一部分是"怎么做"技能。

先说"是什么"技能。

它是指客观、冷静、全面了解你究竟是什么样子，处于什么样的状况，哪些是你的实际体验，包括原生情绪，哪些是你的主观想法和判断，以及催生出的衍生情绪。具体的方法是观察、描述和参与。

观　察

首先你只需要留意自己的处境、想法、感受、情绪以及经历，不对它们做任何评判和反应。对于情绪，要做到以下几点：

- 留意你的情绪，但不要被它控制。
- 接纳你的情绪，但不做任何添加和修改。
- 不要对你的情绪体验做出反应，试着对自己说："我发现我很快乐/伤心/充满爱意。"
- 让你的思维和感受自由穿梭，悄然而来，悄然而去。控制自己的注意力，但不要强行做任何事，不依附于任何事。
- 对发生在你身上的每件事保持警觉，对你的每一种想法和感受保持警觉。

・留意你的感官所带来的感受：你的嗅觉、触觉、听觉、味觉以及言谈。

描 述

描述所发生的状况。

当一种想法或者一种感觉来袭时，将它记录下来。第一次的时候肯定会有困难，不要担心，随着时间的推移，你会更加了解自己的内心。当你激动的时候，你会在内心对自己说："我突然有一种'我能行'的想法。"当你紧张时，你会说："我的腹肌是紧绷的。"

描述你自己身上正在发生的状况，客观地看待你的想法和情绪，保持不陷入进去。坚持描述自己的经历，一切都会变得简单。

参 与

完全浸入你的生活经历中，不带任何感情色彩。

在反复练习的过程中，自我关注将帮助你更加地热爱生活，体验生活。

全身心沉浸于生活的每一个片段中，参与自己的每一段生活。

你现在是另一个拥有你的记忆的人，忘记原本的自己。不要想一些烦心的事情，比如"别人对我是什么看法？"或者"我做得跟他们一样好吗？"不要在乎自己的不完美，你不需要在别人面前表演。将你所有的注意力放在此刻，想一想奥林匹克运动员，想想他们沉浸于比赛中的样子——完全忘记了整个世界都在关注他们，全身心投入于此刻的比赛中，沉浸在自己的经历中。在每个场合只需要做好该做的事。

"怎么做"技能，是指当你通过观察、描述和参与，看清自己真实的样子和处境之后，你将如何对待自己。具体的方法包括不做评判、心无旁骛和集中高效。

不做评判

· 关注已经存在的事实，而不是"应该"、"必须"、善恶或者对错。

· 接受每一种情绪，就像在草坪上铺开的毯子，风雨、阳光和落叶都倾泻而下。

· 知道什么对你有害，什么对你有益，但不要评论，不做判断。

· 当你发现自己在做判断时，不要去评判你的判断。

心无旁骛

· 一次只做一件事：当你吃饭时，专心吃饭；当你开车时，专心开车；当你走路时，专心走路。如果你在担心某件事，那就只管担心，把注意力全放在你担忧的事情上。如果你生气，那就专心去生气。

· 排除干扰，不管这种干扰是强烈的情绪、想法，还是行为。让烦扰随风而去，集中注意力于你正在做的事。

· 集中精力。当你意识到自己正在做两件事时，停止其中一件，只专注做一件事。

集中高效

· 专注于有效的事情上，做当下需要做的事。不要被所谓"完美"的解决方案牵绊住脚步。不要局限于事物的对与错，公平与否，该与不该。

· 按规则行事，切勿意气用事。

· 做好当下需要做的事，并且竭尽全力。

· 不要妄想，做好自己应该做的事。

· 紧盯目标，为目标采取相应行动。

· 丢掉报复心、无用的愤怒和无谓的正义——这些东西只会害你，并无益处。

自我关注的技能可以广泛运用，既可以用来关注你的情绪、想法和行为，也可以用来关注你的身体感觉。它的目的是让你珍惜现在的每一刻，活在当下，不为过去的事情悔恨，不为将来的事情焦虑，把全部注意力都放在你此时此刻正在做的事情上，不分心，不走神，这样便可以提高你掌控自己情绪、行为和想法的能力。

假如你明明做着一件事，脑子里想的却是另一件事，结果会怎样呢？

由于注意力不集中，你可能记不住学习的内容，也可能因为对手里的工作不走心而犯下许多错误，但是从本书的角度来看，最坏的影响还是情绪上的。当你脑子里想着的不是当下的时候，要么是想着过去，要么是思虑将来。想到过去或将来，脑子里浮现的不一定都是开心事——反而很可能联想到一些叫自己痛苦不堪的事情。你也许留意到了，想起往事的时候，往往会因为那些已经发生过的、自己做过的或是别人对你所做的事情而觉得后悔、难过、愤怒或羞耻。

同样，想着将来也容易引发焦虑。焦虑是一种恐惧的感觉，有些类似于极度的惶恐或紧张，一般还伴随着生理上的不适感。比如，在担心自己会把事情办坏的时候，你可能会觉得"百爪挠心"、心跳加速或心颤，等等。

活在过去和将来与自我关注的概念是背道而驰的。自我关注是指带着接纳的态度专注于当下的体验，明白眼前这件事情此时此刻的样子。换句话说，将注意力集中于你当下所做的事情，而且无论如何不做任何评判，当思绪从手头的事情上溜走时，只要将其召唤回来就好。这么说似乎很复杂，而且也的确不是大部分人所习惯的生活方式。为此，本书中设置了大量有关自我关注的训练，希望能对你有所帮助。接下来的这项练习就是为了帮助你了解自我关注在我们的生活中起到的作用。

练习题6：你对自己的念头是否有所觉察？

理清自己目前的思维习惯是件很重要的事，因为只有这样才能明白自己需要改变的地方在哪里。在接下来的几天里，请试着留意一下：你的念头容易往哪个方向开溜？是想到过去多一些，还是常常想到将来？把自己的发现写下来。

你是否发现处于某些情境当中，或是做某些事情的时候，自己特别容易分心？如果是的话，这些情境或事情是什么呢？

当注意力从当下溜走，你会产生什么样的情绪？把自己的发现写下来。

练习题7：未能察觉的念头是怎样引发痛苦情绪的？

很多时候，我们对自己心中的念头并不是很清楚。这也没有什么大惊小怪的。人们心中的念头原本就有一部分容易察觉，而另一部分不经过训练则很难察觉。这些念头隐藏在心底，影响着我们的情绪、感受和行为。从根本上来看，压根就没有"无名火"这回事，所有愤怒都是有原因的，只不过你还没有察觉，自然也没有办法掌控。

读一读下面的这些小故事。请记住，活在过去和将来更容易引发痛苦情绪。请你尝试分辨故事里的主角们是对自己的念头有所察觉（带着接纳的态度专注于当下的体验）还是没察觉（并非将注意力集中于当下，而且可能会对情境进行评判）。把你认为更准确的结果圈起来。（答案将在本书结尾揭晓）

1. 克莉斯汀既生气又难过地坐在房间里。她脑子里正想着几天前发生的事——她无意中听到朋友露易丝和别人在议论自己，而且非常确定露易丝当时说了自己很多坏话。克莉斯汀想："我一直把露易丝当成最好的朋友，没想到她竟然会说我的坏话。这种事已经不止一次两次了，我总是被朋友背叛，看来朋友是不值得信任的。"

有所察觉　没有察觉

2. 杰西卡与丈夫发生了争吵，她想动用家中的一笔钱去投资，丈夫坚决不同意，没有丝毫商量的余地，哪怕她将投资的钱减少一半也不行。杰西卡气得要命。她心里想："他总是这样，永远都不相信我，永远把我当个小孩儿。"

有所察觉　没有察觉

3. 马克是华盛顿大学的一名教师，他正在图书馆里看书，坐在他身后的两个女大学生不停地嘀嘀咕咕，把他烦得不得了。他想："这两个女生真讨厌，她们聊天吵得我快要烦死了。"

有所察觉　没有察觉

4. 萨拉毕业3年了，被邀请去参加大学同学聚会。聚会时，大家都在谈笑风生，非常开心，但是萨拉却独自坐在客厅看电视。她想："每次参加聚会，别人都一副很自在的样子，我却总是心神不宁。我到底是怎么了？为什么总是没办法跟大家打成一片？"

有所察觉　没有察觉

5. 泰勒在练习滑雪，他已经练了好一阵了，但还是没能搞定。每次都是眼看着就要成功了，最终还是一次又一次地从滑雪板上掉下来。他想："这个技能我练了这么久了也没练好，有时候挺灰心的，但是我相信自己最后一定会掌握好的。"

有所察觉　没有察觉

练习题8：感知呼吸

现在你已经对自我关注有了大概的了解，该是练习的时候了。

接下来，请你将注意力集中到自己的呼吸上来。不要改变呼吸的方式，只要留心呼吸时的感觉就好。

你需要感知空气是如何进入鼻孔，感知当空气进入肺部，自己的肚子如何随之鼓起来。总之，只要专心于呼吸时的一切感受即可。

有时候，你可能发现自己有了杂念。比如你可能想：这么做显得怪怪的，我到底在干什么？可能有什么声音叫你分心，可能开始琢磨自己午餐的时候要吃些什么。不论扰乱注意力的是什么，只要觉察它就好，不要去排斥它，也不要去干扰它，让它自然地来，自然地走。也不要对自己的杂念和感受到的任何事情做评判，只要把注意力拉回到呼吸上即可。

这样练习一分钟左右，然后回答下面的问题。

当你将注意力集中于自己的呼吸时，留意到了什么？

_____

你从始至终都专注于自己的呼吸吗？中途有分心的时候吗？如果分心了，想了些什么？

_____

你接纳所有引起自己注意的事吗？比如，如果你发现自己因为一只吠叫的狗而分心，你会只是接纳这件事（"我听到一只狗在叫"），还是发现自己在对它做出评判（"那只汪汪叫的狗真讨厌"）？如果你发现自己的注意力难以集中，你会接纳它（"眼下要集中注意力可真难"），还是因此而埋怨自己（"这点事我都做不好"）？把觉察到的所有事情写下来。

_____

注意力不集中是很正常的，所以请尽量做到不要在分心时评判自己——接纳它，再把自己的注意力拉回到呼吸上即可。

关于如何做到不加评判地接纳，在后面的训练课中会有详细的介绍，所以，如果现在有些不太明白，请你不用太过担心。

眼下你可以这么办：把自己的念头看作一只受训的小狗，训练的目的是让它学会坐下待着不动。训练刚开始的时候，小狗当然做不到对你言听计从。不过，渐渐地，它就能领会你的意思，并且能待上好几秒钟之后才到处乱跑。只要你坚持不懈地训练，渐渐地，听到你的命令之后，它能坚持不动的时间就会变得越来越长。

自我关注要求我们在分心时把注意力拉回到当下，并且接纳任何自己所觉察到的事物，所以在做任何事情时，我们都可以练习这种专注的技能。如果你专注地听音乐，那么就只是听音乐，而不对它进行评判，并且每当思绪溜到和耳中的音乐无关的事情上去时，把它拉回来。如果你在专心打扫卧室，就集中注意力做这一件事。如果发觉自己分了神，也不要因此而评判自己，只要把注意力拉回来就好。比如，妈妈问你有没有找到男朋友（女朋友），而你发觉自己因此对她有意见，只要觉察到这一点，然后把思绪带回来就好。

描述情绪，
给你的情绪命名

　　除了心中的念头，自我关注还需要关注自己的情绪——描述情绪，并给自己的情绪命名。高情商训练课认为，描述情绪是调节情绪很重要的一部分，那些能够读懂情绪并描述情绪的人，能够在管理情绪和减少负面情绪方面做得更好。

　　与心中的念头一样，有些情绪显而易见，你可以察觉，而且身边的人也可以通过你的面部表情、身体姿势、语言和行为等，读懂你的情绪。而有些情绪则是你身边的人看不出来的，甚至连你自己都很难察觉。

　　就像你无法真正了解别人的想法和感受一样，别人也无法真正了解你的想法和感受。有时候，让别人知道你的感受，以及为何有这种感受，是很重要的。但前提是你要知道自己的感受。如果别人意识不到自己的举动对你产生的影响，不断地用一种消极的方式影响你，你又总是闭口不提，这种伤害便会日积月累，最后不得不以你勃然大怒，大家一拍两散而告终。

　　如你所见，情绪在许多方面都相当复杂，但是千万不要因这种复杂性望而却步。你可以通过观察和描述，为复杂的情绪理清头绪。

练习题9：用一周时间来观察和描述情绪

用下列表格来练习描述自己的情绪。记住，不要带有任何偏见和感情色彩，以事实为本，深入感受自己的情绪。不论你的情绪有多糟糕，它都不会伤害你。留意自己出现的某一种情绪。记下你在练习过程中由此产生的想法，然后根据你的需要，复制这份表格。

认识你的想法			
	情境	在这一情境的想法	情绪
星期一	愤怒	我觉得我有点恼怒	我想：这本不该发生的
星期二	愉快	我觉得幸福感充溢着我的身体	担心幸福总有尽头
星期三	害怕	好像有一万只虫子在我心里爬	对恐惧和紧张感极度不适
星期四	愤怒	我发现我的牙关咬紧了	自以为是，被报复心填满了
星期五	心动	我的心扑通直跳，产生了一种想要亲吻对方的冲动	想到曾经被拒绝的回忆
星期六			
星期日			

观察和描述情绪能够帮助你了解情绪，并成功调节情绪。

观察和描述情绪最重要的是：只留意自己的情绪，不要试图抓住快乐的情绪，拒绝不快乐的情绪。

下面以愉快和愤怒这两种情绪为例，练习一下该如何观察和描述情绪。

愉快

观察： 单纯地观察你的愉快情绪，既不要试图拒之千里，也不要死死抓住它不放，让愉快的情绪自然而来，自然而去。

描述用语言描述自己的愉快情绪。当愉快情绪来临时，对自己说："我被愉快的情绪填满了。"接着描述愉快所带来的感受："我觉得身体轻飘飘的，充满了活力。"或者"我觉得自己充满了力量和希望。"

参与： 全身心参与到此刻发生的事情中来，充分体验自己的愉快情绪。抛开所有的忧虑和杂念，不要去担心这种愉快的情绪总归会结束。趁现在，享受当下的愉快。当你参与时，与你的愉快情绪融为一体，与周围环境合二为一，从精神到身体上享受这份愉快。按照自己的直觉，按需行事。

不做评判： 只看事实，关注此刻，而不是关注那些"应该""一定"或者"必须"的主观性事件。你已经被"应该"和"必须"的事伤害了很久，现在是时候抛弃它们了。接纳自己的情绪，记得要像在草坪上铺开的毯子一样，包罗万象，对情绪也是一样。如果你发现自己在评判当下的情景或者情绪，抛开那些判断，回到客观的立场上来。当你发现自己在评判时，不要去评判自己所做的判断。

一心一意： 将你的全部注意力放在愉快的情感上，感受愉快，体验愉快，感受所有跟愉快相关的情绪。集中注意力，确保你只在做一件事，如果你发现自己同时在做两件以上的事情，回到这一件事上来。放下所有会分散你喜悦的事情，活在当下。

集中高效： 将思绪集中在当下，按需行事。不要被孰是孰非、公平与否牵绊住脚步，只尽力去做到最好，时刻记住你的目标，坚持下去。

有时候，由于愉悦的情绪令你心情舒畅，你会恋恋不舍，并产生执着的想法，想要快乐永驻，想要幸福长久，这样的想法是不切实际的，因为愉快的情绪无论你多么想要紧紧抓住它，多么诚恳地挽留它，它都会溜走。如果当愉悦的情绪出现时，你产生了这样的想法，一方面在分心和走神中，你无法专注于此时此刻，并最大限度享受它所带来的愉悦；另一方面当愉悦的情绪溜走之后，你还会加倍承受更多的失落和痛苦。同样，由于沮丧的情绪令人痛苦，你会产生抗拒的想法，不愿接纳它，想极力摆脱它，这样的想法不仅无济于事，反而会加大你的痛苦。

通过观察和描述情绪的技能，你将会把注意力更多地放在体验上，而不是担心和害怕上，不去拒绝它，也不留恋它，让它自然而来，自然而去，这样一来，你既能体验这些情绪，又不会被它们羁绊和拖累。

愤 怒

观察： 仅仅是注意到愤怒情绪的来临，既不拒之于千里，也不要过于坚持，让愤怒的情绪自然来去。

描述： 用语言来描述自己的愤怒，当愤怒来袭时，对自己说："我愤怒的情绪被激活了。"或者"我注意到我刚被激怒了。"接着描述愤怒所带来的感受："我觉得身体紧绷，充满了攻击性。"或者"我觉得自己充满了力量和敌意。"

参与： 全身心参与到此刻正发生的事情中来，充分体验自己的愤怒情绪。抛开所有的忧虑和杂念，不要去想这愤怒究竟应不应该，只管感受你此刻的愤怒。当你参与时，你的愤怒与周围环境是合二为一的，而不仅仅是心理上的。凭自己的直觉，按需行事。

不做评判： 只看事实，关注此刻，不去关注那些"应该""一定"或者"必须"的主观性事件。接纳自己的情绪，不论它是好是坏，只将它视作当时的一种情绪。记住，要像在草坪上铺开的毯子一样，包罗万象，对你的情绪也是一样。如果你发现自己在评判当下的情景或者情绪，抛开那些判断，回到客观的立场上来。当你发现自己在评判时，不要去评判自己所做的判断。

心无旁骛： 将你的全部注意力放在愤怒的情绪上，感受愤怒，体验愤怒，感受所有跟愤怒有关的情绪。集中注意力，确保你只在做一件事，如果你发现自己同时在做两件以上的事情，回到这一件事上来。放下所有会分散你愤怒的事情，容忍你的愤怒，注意愤怒所给你带来的启发，或者是激励你前进。

集中高效： 将思绪集中在当下，按需行事。不要被孰是孰非、公平与否牵绊住脚步，只尽力去做到最好，时刻记住你的目标，坚持下去。不要给你的愤怒情绪贴上愚蠢或者幼稚的标签，也不要让它为所欲为。抛开那些无用的愤怒和自以为是，因为它们对你百害而无一利。

愤怒是一种很麻烦的情绪，它所导致的后果包括从难听的话语到犯下冲动的罪行。愤怒必不可少，它能激励你克服重重困难，但愤怒也可能会不受控制而造成冲动行为。在对愤怒的观察和描述中，你可以简单地注意到它的存在，承认它却不实施它。同时，在描述愤怒的过程中，你将会更加熟悉它，也更容易操控它。如果你是个易怒的人，做这项练习将会降低你患上压力所致疾病的风险。

练习题10：给情绪命名

要管理情绪，首先学会为它们命名。

你是否常常不知道该怎样形容自己的感受？

有时候你是不是觉得自己陷入一团情绪的迷雾，糊里糊涂在其中打转，却无法确切说出这种感受的名字？

连自己的感受都说不清楚，要处理这种感受就无从下手。不过，只要学会为情绪命名，找到对付它们的办法就会变得简单许多。

下面表格中列出了人们常常体验到的四种主要情绪。你能为它们想到替换的名字吗？请把想到的名称填写在下面的表格里。书中已经为每种情绪给出了两个范例。

恼火	惊恐	悲伤	喜悦
愤怒	害怕	沮丧	高兴
生气	焦虑	低落	满足

如果你无论如何也想不出类似的情绪名称，不妨试着回想自己体验到类似感受时的情境，你会怎么称呼它呢？也许当时的你找不到一个名称来称呼它，那么现在可以吗？

还有一种方法或许能给你一点启发，那就是把情绪当成一个连续发展的过程。也就是说，每种情绪都有不同的等级或水平。比如当你的闺蜜缠着你，要求你去做一件自己不是太喜欢的事情时，你的感受应该算不上是愤怒，但是多少会有点被她惹恼或惹毛。实在是想不到答案的时候，也可以向信任的人求助，或是查阅同义词词典。

练习题11：盛放情绪的桶

请你在脑海里想象一个装满了水的水桶。水已经满得不能再满，哪怕再多一滴也会溢出来。现在，我们用这个桶子代表自己的情绪。

如果你一开始便带着各种各样庞杂的情绪，例如因为过去和将来引发的愤怒、悲伤、羞耻或焦虑，等等。在这种情况下，往里面增加一种情绪，即使是稍微增加一点点，也能让我们的情绪之桶溢出。这种溢出对于不同的人而言，意味着不同的事情，甚至对同一个人在不同的时刻也会产生不同的后果。比如，你可能因为丈夫的一句话而突然情绪大爆发，可能因为前面司机突然并线占道，你恨不能直接开车撞上去，抑或是觉得太抑郁，对什么事情都提不起兴趣。而自我关注恰好能帮助我们减少桶里情绪的数量和强度，这样一来，我们自然就能更好地控制自己的情绪。

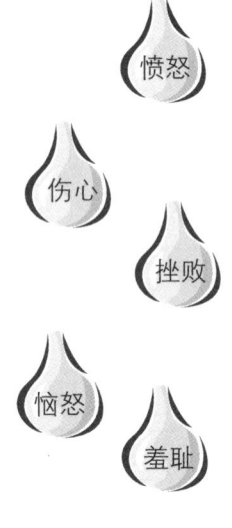

在下面水桶图上画一条水线，代表你所认为的自己眼下的情绪水平。比如，如果现在的情绪水平很低，就在一半高度处的下方画一条线；如果情绪水平比较高，就在桶的顶端画一条线。想想自己眼下有什么情绪，把它们的名字写在下面的横线上，然后回答后面的问题。如果无法确定自己感受到的是哪种情绪，可以在读完之后再回头来做这个练习。

_____　　　　　　　　　　_____

_____　　　　　　　　　　_____

为自己的情绪命名时，你有什么样的感受？

_____

在为情绪命名时，你有什么发现吗？比如，观察到的情绪种类是更多还是更少了？

_____

记录下自己情绪的总体情况。比如，你是否觉得自己的情绪桶满得快要溢出来了？你是否认为情绪桶处于一个比较好管理的水平？你通常会觉察到自己的情绪，还是忽略它们？

_____

关注你的身体感觉

不知你是否注意到，情绪的产生常常伴随着身体上的感受。比如，在悲伤的时候，你发现自己喉咙发紧，眼睛变得湿润，有想哭的冲动；而愤怒的时候，你发现自己脸色发红，心跳加速，肌肉也紧绷起来。

身体上的感受往往能够准确反映你的情绪，所以，留意自己的身体感受能够帮助你更加敏锐地觉察自己的情绪，也能够更好地控制它们。

首先，我们需要熟悉自己的身体对于不同情绪所产生的感受。

下面是一些情绪引起的身体感觉，可以帮助你进行练习。

当你生气时

"我的牙关紧闭，双手攥成了拳头。"

"我很生气……我此刻特别想使劲跺脚。"

"我特别生某某某和某某某的气。"

当你伤心时

"我流泪。"

"我不想跟别人接触。"

"我觉得很空虚，筋疲力尽……我发现我的能量正在消耗殆尽。"

当你愉快时

"我很想蹦蹦跳跳……我发现自己总是挂着微笑。"

"我充满了能量……我控制不住地想笑。"

当你开心时

"我正在大笑……我觉得活力四射。"

"我充满了力量……感觉自己就是世界的中心。"

当你羞耻时

"我脸红,身体僵在那里石化了一般。"

"我觉得无地自容。"

"我逃离人群,恨不能找个地缝钻进去。"

看完这些内容后,接下来放下书本,身体坐直,闭上双眼,深深吸一口气。静观你此刻的思想和情绪,你发现了什么?描述它们,不带任何偏见和感情色彩地描述。当你完成这项基本步骤后,就可开始下面的训练。

练习题12:情绪会带来怎样的身体感受?

将以下四种基本情绪反应带给自己的身体感受写下来。比如,心跳是否加速,某些身体部位是否紧绷,是否想收紧身体上的某些肌肉,等等。你可能需要感受每种情绪之后才能准确描述这些感觉,所以现在能做多少就做多少,如果实在做不了,不妨回头再做。

愤怒
_____

喜悦
_____

恐惧
_____

悲伤
_____

练习题13:观察身体感受

这个自我关注的练习叫作"身体扫描",请你慢慢地依次检查自己身体的所有肌肉群,体察它们的感受,是放松、紧张还是疼痛,或者其他任何感受。通过充分体察身体的感受,往往能加强对自己情绪的察觉,也能够让你更好地对它们加以控制。刚开始练习的时候,你可能需要请人帮你大声将下面的指示念出来,等到习惯后就不用了。

现在开始练习。请你将注意力集中于自己的身体,从脚指头开始,慢慢一路向上到头部,留意各个身体部位的感受:疼痛、舒适或不舒适、紧张或放松，以及任何其他感觉。不要对此加以评判，只是照实描述每个身体部位所体察到的感受。在整个过程中，你很可能会发现自己有走神的情况。请记住这是正常现象，只要在发现之后把注意力拉回到自己正在感知的肌肉上来就好。

感知每一组肌肉时，在心中默念这个部位的名称，体会每一种感觉。比如，"我的脚趾……没什么感受。我的双脚……稍微有些酸痛。我的小腿肚……很放松。我的胫部……没什么感觉。我的股四头肌……有些紧张。"继续这样做，然后将注意力逐渐向上移动。

从脚趾缓缓向上，把注意力集中在大腿上，留意大腿后侧和臀部的肌肉。继续慢慢往上移，现在注意自己的后腰、后背中部和后背上部，注意力在每一组肌肉群上稍停片刻，花点时间观察是否有任何感觉。然后是双肩，并且沿着双臂缓缓向下，只要觉察此时此刻身体部位上的任何感觉就好。观察自己的肱二头肌、双肘和前臂，然后逐渐向下来到腕部和双手，一直到每个手指的指尖。

你只需要继续感受自己的身体传来的感觉，哪怕这种感觉不是你喜欢的，也不要做任何评判。现在，感受自己的腹部，人们通常会绷紧腹部，所以请你留意自己的腹肌是紧张还是放松。也可以在这个部位花一点时间，留意一下自己的呼吸：呼吸是深沉而规律，还是短浅不定？现在将注意力往上移，到自己的胸部，仍旧留意是否有紧张或其他任何感觉。如果你发现自己走神了，只需要体察并且接纳（不要因此而责怪自己），然后将注意力带回到自己正在努力感受的部位即可。

现在把注意力转移到脖子上，留意是否有紧张、疼痛或不舒适的感觉——只要去觉察就好。然后转移到下巴，这也是一个人们常常会紧绷的地方：你的下巴是放松的，还是牙关紧咬？这一刻只要观察下巴的情况就好。现在把感觉转到脸上的其他部位，感受它们的状态。你的前额皱起来了吗？眉头皱起来了吗？眼睛是睁还是闭，是眯缝着还是放松的？是否有哪里的肌肉是紧绷着的呢？最后，把注意力放到头部。当能量在全身流动时，你可能会感觉到一种刺痛，也可能此刻的你并没有任何的感觉，那也很正常——只要去体察此时此刻的所有感受就好。

通过"身体扫描"，你是否发现了以前从没留意到的事情？你能够辨认出某种情绪吗？经常做这项练习能够让你与自己的身体相处得更加融洽，增进对生理感受的了解，同时对于如何感受情绪也会有所启发。

在日常生活中，
你也可以关注自己

自我关注的目的，是让你与生活全面接触，并不是让你逃避生活。不管是在吃饭、喝酒、驾驶和洗漱的时候，还是在生气、吵架的时候，你都可以进行自我关注。它可以让你更充分地去体验生活，对生活保持清醒。下面是一系列可以融入日常生活中的自我关注练习，你可以将它们纳入自己的生活中。

在睡觉的时候关注自己

躺在床上、地板上或者沙发上，以一个让自己舒服的姿势仰躺着，双手舒展开来。用鼻子深吸一口气，然后从嘴巴呼出。注意你的呼吸以及腹部的起伏，闭上双眼，把全部注意力放于你的身体上。注意你的床、地板或者沙发带来的感觉，它坚硬吗？柔软吗？你躺在一条光滑的床单或者毯子上，还是粗糙的硬木地板上？把所有的注意力都放在它给你的身体所带来的感受上，每一处细节都不要放过。当你躺着的时候，你感觉自己是在被什么支撑着？仔细感受所有的感觉，保持思维不要游离。如果你觉得地板太过坚硬，对自己说："我感觉地板很硬。"

注意你手臂的位置、你双腿的感觉、你双手的位置。如果你发现自己没能完全进入状态，请抛开一切顾虑来感受此刻。把注意力放在当下发生的事情上，而不是你希望发生的事情上。如果你的思维有些许游离，轻轻地把注意力转移回自己的身体上，以及你身下的床或地板上。把注意力一次又一次地从游离状态带回，这是练习期间必不可少的步骤。

在睡觉时关注自己，可以帮助你了解自己的身体状况，同时，简单地躺下，抛开所有的杂念和烦扰，也能帮你得到充分的休息和放松。

在淋浴的时候关注自己

开始淋浴时，把水调到一个令人舒适的温度。站在花洒喷头下，闭上双眼，轻轻地呼吸。把注意力集中在呼吸上，全身心地感受淋浴所带来的感受。感受你能感受到的一切，感受水流的温度，感受你身体的舒缓、肌肉的放松，留意你皮肤的状态，它是什么感觉？闻起来是什么味道？是水流、香皂、身体磨砂膏，还是洗发水的香味？

在这一刻，保持头脑清醒，全身投入在淋浴中，投入在这份体验过程中。如果你开始思考淋浴之后要做的事，请立刻让那些超前的思维回到现在，回到淋浴的体验中来，你只需要感受此刻。保持活力，保持注意力。如果你的思维游离了，跟随它去到你游离的地方，按下暂停键，再以一次轻柔的呼吸，将注意力带回到淋浴中。如果你注意到自己正站在客观角度去评判自己的身体、这次淋浴或者这场练习，轻轻将它抛开，回到这场体验中来，如此保持5～10分钟。

在淋浴过程中，自我关注会带来一种丰富且满足的体验，会帮助你增加愉快的情绪，乐在其中。这样的练习还可以运用到日常生活的其他方面，从而大大增加你自我关注的机会。

在剃须的时候关注自己

准备好剃须所需的工具：剃须刀、剃须膏、润肤霜，等等。在开始之前，先轻轻地吸一口气，将注意力集中在剃须过程中。当你开始抹剃须膏时，留意它所传达的感觉，感受它在你脸上的触感。闻一闻剃须膏的味道，注意你皮肤在温水下的感受。留意剃须刀在你胡楂儿上游移的感觉，如果不慎划了个口子，不要去评判这件事，不要想着它是不是糟透了然后草草收场。你只需要注意当下发生着什么事，然后做需要做的事。先接受事实，再思考对策，而不是禁锢于"应该怎么做"。当你的剃须刀在脸上刮动时，不要试图做除了剃须以外的事情，把所有注意力都集中在这一件事上，描述当下你能感受到的一切感受。

剃须是大多数男人每天都会做的事，因此它为我们提供了更多的自我关注机会。当你领悟到了"接纳"的精髓，在自我关注过程中更加游刃有余时，你会发现自己的剃须技术也有了质的飞跃，并大大减少划伤的概率。而对于那些对自己的脸和身体并不满意的人而言，这场练习会锻炼你的"接纳"能力。如果你每次在划伤自己后都会变得异常愤怒，这场练习会帮助你认识到自己的情绪，认识到这只是事物规律，而不是针对你一个人，从而适当缓和你的愤怒。

在运动的时候关注自己

下次你在做跑步、伸展、举重诸如此类的运动时，将注意力集中在自己的身体上。运动开始之前，花一点时间清空你的大脑，清除掉那些与这次运动无关的东西。轻轻地吸一口气，把注意力放在呼吸上，让思绪集中在你活动的这片区域，集中在你的身体上。如果你在跑步，那么请观察并描述这场运动过程，告诉自己："我在跑步……我注意到我的腿部肌肉在屈伸和收缩……我的心率在加快……我的呼吸在进进出出，渐渐加快……"等等。

如果你在举重，请留意你举重的状态，刻意去保持注意力和意识。注意你手中横杠的感觉，当你用力举起时，注意你肱二头肌的收缩，并试着描述这场运动过程："我注意到我的肌肉在慢慢变热……我的肌肉在变得疲软。"如果你被各种思绪分了心，想要停止这场运动，保持客观地去描述这个念头："我刚刚有个念头，想要停止这场运动。"接着暂停一小会儿，轻轻呼吸，将注意力带回到你的身体和这场运动中来。让自己的意识集中在当下，集中在运动状态和自己的身体中。

在运动过程中保持全身心的参与能帮助你改善自己的形态，同时避免运动拉伤。很多顶尖运动员和训练师都曾表示，在运动过程中注意形态、抛开杂念能够使他们发挥得更出色，也不容易受伤。

在吃饭的时候关注自己

吃饭时试试这个练习。你可以在他人未能察觉的情况下做一次自我关注，当然如果你想一个人尝试也未尝不可。坐下准备开吃之前，先看看你的食物，确保身体以舒服的坐姿坐直，不要懒懒散散或者弯腰驼背。轻轻吸一口气，将所有注意力放在你身处的环境中。快速扫一眼面前的食物，看看它的卖相。接着闻一闻它的气味，不要仅仅是把食物塞进嘴里，然后狼吞虎咽地吃掉。当你用手或者餐具拿起食物时，稍微留意一下它的形状、纹理以及颜色。如果你是用手在进食，留意手指的感觉，它是温暖的吗？冰冷的吗？它是棕色、黄色还是亮红色？让香气充满你的鼻腔，让鼻腔去拥抱这美味。

当你咬下第一口时，慢慢地咀嚼，在完全吞咽之前不要急着咬下一口。有意识地慢慢咀嚼，确保你没有在做别的事情。不要一边看书看报一边吃饭，不要想着没做完的事以及工作上的事，仅仅就是吃饭而已。把注意力全部集中在吃饭上，将无关紧要的事搁在一边。如果你发现自己开始思考接下来的事情，或者你开始希望吃饭的时间能够延长，暂停一下，深呼吸一口气，将思绪带回吃饭过程中来，还是一次一口，细细品味每一碟小菜，享受当下的每一刻时光。

留意你吃饭时的体验，当你开始有了饱腹感，味蕾得到了满足，感受你当时的情绪。留意当下所发生的事情，也仅仅只留意当下。抛开所有的杂念，不要在时间上匆匆忙忙，不要在饮食习惯上品头论足。

　　大多数人对于吃都过于冲动，要么吃太多，要么吃太少。自我关注练习能帮助你深入了解自己的饮食习惯，同时也能让你真正享受饮食。毕竟，我们都不是狼吞虎咽、饥不择食的动物，我们是人类，我们需要从饮食中获取一种满足感。最后一个原因就是，很多人因为没有细嚼慢咽，或者因为边吃饭边说话而导致支气管被呛住，甚至是窒息，而这个练习恰恰帮你杜绝了窒息的危险。

在房间里关注物品

　　花几分钟时间坐在椅子上，身体坐直但不要僵硬。将你的双手放于膝盖上，确保你处在一个平衡、对称而又舒适的位置。坐好以后，轻轻地用鼻子吸气，用嘴巴呼气，将注意力集中在你的呼吸上。环顾四周，观察房间里有什么。描述你所看到的东西：钟表、椅子、挂画，等等。不要去评判你所看到的东西是美是丑，不要有诸如"我的天，我为什么会买这种东西？"之类的想法，如果你发现自己在对某样东西品头论足，那么放下所有的评判，再呼吸一次，将思绪带回这个房间中，从头开始。如果你发现自己的思维飘向了待办的事情、屋外的人身上，抛下这些杂念，再将注意力重新集中在这个房间来，心人合一，静静观察。

　　在房间里关注物品，能够帮你更加了解自己身处的环境，许多事故的发生正是因为人们对环境的忽视，而这场练习能够帮助你避免被电线、滑板绊倒或是踩香蕉皮滑倒。留意周围环境的人会更不容易受袭击，或者被斗殴事件所伤害，因为他们往往更为警觉和自信，不容易被吓到或者屈服。总的来说，这个练习能帮助你在每个时段中保持活跃，提高对生活的参与热情。

　　如果你是个在压力下容易分心走神的人，将注意力集中在周围环境中能帮助你在特定情况下保持警醒。这样一来，即使在紧张的情况下你也可以胜任工作，时刻保持状态，不会被紧张的情绪所淹没。

在驾驶的时候关注自己

在驾车上下班时，你可以按照以下步骤操作。首先充分意识到自己正在驾驶，当车从车库中开出来的时候对自己说："我只是做开车这一件事。"当你开始驶向目的地时，感受手中的方向盘，感受脚下的油门和刹车踏板，对路上的车辆始终保持警惕。注意它们的位置、它们的行驶方向，不要去想学习中、工作中或者生活中的任何事情，单纯地将你的全部注意力集中于驾驶上。如果你发现自己的思绪飘向了你的目的地，或者开始对其他驾驶员指指点点，请提醒自己你已偏离了练习轨道。抛开所有的杂念，抛开对他人的评判，回到此刻。当你发现有某些情绪涌上来时，只是注意到它们的存在，不做任何评判，对自己说："我注意到我刚刚涌现出了一股生气的情绪。"放下所有冲动驾驶的念头，将注意力集中在驾驶上，在你每次开车时，重复以上练习。

作为一个驾驶员，时刻保持警惕能够大大降低出事故的风险，如果你在开车时很容易生气，这个练习能帮助你认识到自己的愤怒情绪，而不必做出冲动判断和冲动行为。它能减少你的冲动，使自己变得更加克制，对自己的情绪也更加容忍。

除此之外，在很多令你全神贯注的事情中，也可以进行自我关注，训练你掌控情绪的能力。这些事情可能是——

阅读、遛狗

与好朋友聊天、干家务活儿

看电视或电影、打高尔夫球

做美容、散步

听音乐、专心工作

更新你的微博个人简介、在家里招待朋友

跳舞、_____

如果你想到其他一些可以补充的项目，请写在上面的横线上。

假如想不起有什么事情可以全神贯注地去做，那么就想想自己喜欢做的事。从能够全情投入的事情开始练习自我关注，相对而言会容易一些。需要提醒你的是，这些练习的最终目的是让你在日常生活中做到聚精会神，所以虽然可以从容易着手的事情开始，但这种专注最后还是要转移到所有的事情上去。

你可能感到疑惑：听音乐、干家务活儿和情绪有什么关系呢？

还记得我们在前面说过，当你没有活在当下时，也就是眼下的此时此刻，心中常常会产生痛苦的情绪。所以，在听音乐的时候，你也许会发现音乐让自己产生了联想，比如联想到逝去的恋情，联想到自己喜欢的人正在与别人交往，等等，然后便沉浸在那些想法和记忆里无法自拔。这种状态下的你实际上已经脱离了此时此刻的情境，转而开始体验那些情绪，仿佛将往事重新经历了一次——也许没有达到历历在目的程度，可你体验到的情绪是相同的。

专心致志地听音乐、干家务活儿或者做其他的事情，便意味着把自己的注意力转移到当下，而不是任由思绪随意飘飞。这样做能够从两方面帮助你有效地管理情绪：

第一，因为全神贯注，你便不会悔恨过去或忧虑将来，这能有效阻断由它们引发的痛苦情绪。

第二，自我关注能够减少情绪的数量和强度。如果你把更多时间花在当下（即使这个当下也包含痛苦），那么来自过去和将来的情绪便会减少。产生的情绪越少，处理起来自然也就越容易。

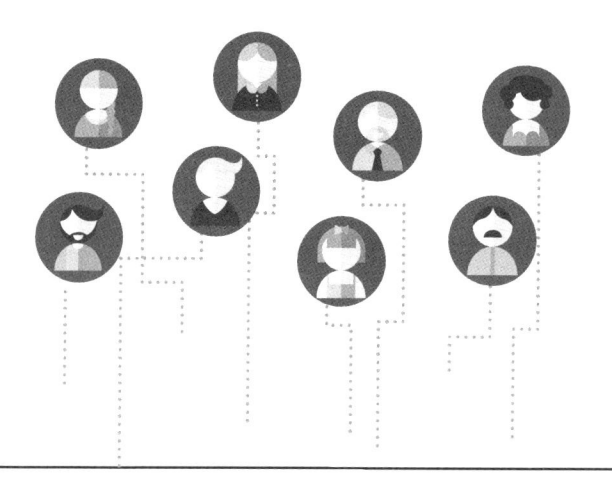

高情商训练的第三大技能：培养慧心

Part
<<< 3

三种不同的思维模式

学到这里，相信你已经明白：情绪是非常复杂的，它不仅包括身体和心理上的感觉，而且还与你的想法和行为紧密相连。现在，你已经掌握了一些有关情绪的知识，加上即将学到的技能，你很快就能够更好地掌控自己的情绪，成为一个高情商的人。

三种不同的思维模式

每个人都会时而被理智或逻辑掌控，时而被情绪或感受掌控，时而被这两者共同掌控，这就是三种不同的思维模式。接下来我们将对它们分别加以分析。

受理性自我掌控的思维模式

这种思维模式在高情商训练课中被称作"理心"。大体上来说，它指的是当我们用理性自我思考时那种富有逻辑的、实事求是的思考方式。比如，当你坐在教室里努力解答一道数学题时，起主导作用的就是自己的理心。在工作的时候，你冷静地分析形势，制定方案，这时管事的也是你的理心。从这个角度思考问题时，一般没有多少情绪掺杂其中。就算感受到情绪，一般也是比较安静的情绪。

尝试回想一下，在哪些情境里，你会以理性自我进行思考，然后写在下面的横线上。必要时可以向信任的人求助。

理性自我的思维模式固然非常重要，但并不意味着永远都应该从这个角度进行思考，否则可能过于忽略自己的情绪，导致在情绪管理方面出现问题。在麻省理工学院，你常常会看到这样一些老师和学生，他们在工作和学习上具有很强的逻辑思考能力，能够轻松思考问题，分析问题，并能做出重大的决定。虽然他们的智商很高，但情商却很低，他们读不懂自己的情绪，也读不懂别人的情绪，不知道该如何表达自己的情绪，也不知道该如何与人打交道，甚至连向心爱的人表白都困难重重。在处理人际关系时，他们超强的抽象思考能力起不到任何作用，常常语无伦次。这些人大都过着非常孤单的生活。

受感性自我掌控的思维模式

与理性自我相对的是感性自我，在高情商训练课中称之为"情心"。当感性自我主导思考时，你的情绪会很激烈，甚至于自己的一举一动都受其掌控。你不再冷静选择哪种行为适用于某种具体的情境，而是受到情绪化的冲动刺激，直接做出反应。比如：你火冒三丈并且朝自己心爱的人大发脾气；你心灰意冷地缩在自己的房间里，谁也不搭理；你本来打算参加一场聚会，但又对此有所顾虑，所以干脆待在家里不去。

尝试回想一下，自己在感性自我的控制下所做的事情，写在下面的横线上。同样的，必要时可以向信任的人求助。

和"理心"一样，如果过于频繁地任凭感性自我主导思考和意气用事，就会惹上麻烦。你可能已经从上面的例子中看出来了，实际上这就是最容易让我们陷入困境的那个自我。如果不希望自己总是被理性自我

或是感性自我掌控，应该怎么办呢？答案就在第三种思维模式里——用平衡的自我进行思考。

受平衡的自我掌控的思维模式

平衡的自我——在高情商训练课中被称为"慧心"。它是理性自我和感性自我的结合，也是这两种自我的平衡，不受这两种思维模式的单一控制。"慧心"不会感情用事，但做事时也不会不考虑感情。

有没有"慧心"是判断情商高低的"金标准"。

前面我们说过，高情商训练课又叫"辩证行为疗法"，所谓辩证，就是在两个矛盾的事物之间寻求平衡。感性自我和理性自我是相互矛盾的，在它们之间寻求平衡，就产生了慧心。

用慧心所做的决定，是建立在感性自我和理性自我的基础之上，是理性思考和情感需求的平衡。如果没有感性自我，人会变得冷血和冷酷；如果没有理性自我，只是被感性自我控制，那也不是在用慧心进行思维。有时，你需要把你的情绪"冷却"下来，才能做出一个明智的决定。如果你最近遇到了大量牵涉情感的事情，不管是好是坏，你都需要给自己充足的时间将火热的情绪冷却下来，然后才能理智地进行思维。

你是否有过这样的经历：即使处在某种艰难的境地中，备受打击和折磨，你也可以很好地控制情绪，明白自己该怎么做。也许那不是最简单的做法，甚至也不是身处那种情境下自己喜欢的做法，但是你在内心深处十分明确：这么做是正确的。这时候掌控着你的，就是平衡的自我。

我们都有这样的智慧，也常常利用这种智慧，只是有时候自己感觉不到而已。举例来说：上司给了你一个新任务，但其实你手头还有很多事情要做，很难腾出时间，而其他同事却很清闲。你感觉被上司欺负了，很不公平，很委屈。你气得真想冲上司大喊大叫，并辞掉工作，甩手走出办公室。但是你并没有这样做，而是选择了咬牙坚持，直到自己冷静之后再用最好的办法与上司沟通，因为你清楚地知道，如果那样做的话，会导致自己在很长一段时间内没有收入。又比如，你开车走在大街上，前面有一辆车龟速前行，那缓慢的速度令你着急生气，你真想一踩油门冲上去把它撞飞。但是，你并没有那样做，而是慢慢尾随在它的后面，耐心等待一个超车的机会，因为你知道，如果真那样做的话，你和那辆车的司机都会受伤，你还要承担法律责任，坐上好几年牢。还比如，你正在参加聚会，有人递过来毒品或酒，但是你拒绝了，因为这些东西有违你自己的价值观。这些都是你在平衡自我掌控下所做出的决定。你还能再想到一些在平衡的自我掌控下做事的例子吗？把它们写下来，必要时可以向信任的人求助。

练习题14：理性自我、感性自我还是平衡的自我？

读一读下面的故事，试着找出故事主人公使用的是哪一种思维模式——是受理性自我、感性自我，还是平衡的自我主导——然后圈出你选择的答案。（答案将在本书结尾揭晓）

1.珍妮弗是一名在学生和老师心目中很受欢迎的教授，大家对她的评价很高。但是在经历了几次不成功的人际交往后，珍妮弗觉得很孤独。最后，她决定再也不结交新朋友了，因为她害怕与新朋友的关系会像之前一样失败。

理性自我　感性自我　平衡的自我

2.塔尼娅正在参加一场聚会，这时候一个朋友递过来一瓶啤酒。她想："大家都在喝，我要是不喝会显得不合群吧？"就在这时候，塔尼娅想起自己今晚还要开车回家，所以她说："不用了，谢谢。"

理性自我　感性自我　平衡的自我

3.约翰想邀请杰西卡当大学舞会的舞伴，他紧张了好半天才鼓起勇气发出邀请，可还是遭到了拒绝。约翰先是感到非常沮丧，但是随后他就对自己说："爱谁谁吧——这样更好，反正我的钱也只够买一张票的。"

理性自我　感性自我　平衡的自我

4.一天，丹尼尔让朋友帮忙把他的车弄到修理厂进行维修，朋友说自己有事，不能帮他的忙。丹尼尔很生气，责怪朋友太自私，忘恩负义。

理性自我　感性自我　平衡的自我

5.卡特里纳正在参加一次英语考试。虽然她觉得自己答得不错，但还是决定在写作时多加进一些事实性的内容，比如莎士比亚的出生日期和地点，等等。她认为这些内容能让自己的考卷多得几分。

理性自我　感性自我　平衡的自我

6.乔迪在大学里玩滑板,这时候他发现一群小孩儿正看着自己。他想听到他们的大声赞叹,所以决定在台阶上玩一个非常难的花样,好让自己帅翻全场,虽然其实他并不确定自己是否能安全着陆。

理性自我　感性自我　平衡的自我

练习题15:你常用的思维模式

人们的行为往往不会一直受同一种思维模式的主导,而是根据当时的情境和打交道的人而各有不同。读一读下面的陈述,在觉得最适合自己的方格里打钩。最后的结果所显示的就是你常用的思维模式。

我是个理智的人吗?
☐在做决定时,我对待自己情绪的方式是忽略不计。
☐我的行为通常都有合理的理由。
☐我常常意识不到自己有什么感觉。
☐我谈论起事实来比谈论感觉更自在。

我是个情绪化的人吗?
☐我常常冲动行事,比如经常说让自己后悔的话,做让自己后悔的事情。
☐我发现自己常常处于极端情绪之中,在这种时候,我的情绪总是很激烈，很难正确地思考问题。

☐我做决定的依据通常是自己对于情境的感受。

☐我常常在做出决定后又开始怀疑，担心它们是否是正确的选择。

我是一个能够平衡理性与感性的人吗？

☐在一般情况下，我在做决定时既考虑是否合理，也会顾及自己的感受。

☐在考虑一段时间并做出决定后，我的内心一般都是平静而笃定的。

☐我总是很乐意觉察自己的感受。

☐我做任何事情都以自己的长远利益为出发点。

把每个思维模式下打钩数目的总数进行比较，就能看出自己倾向于哪一种思维模式，或是否使用某一种模式了。搞清楚自己习惯使用哪一种思维模式，然后才能在生活中做出有效的改变。人们通常会发现，主导自己行为的思维模式不是单一的某一种，而是视情境和打交道的人而定。

在接下来的几天里，请你试着更好地分辨自己的思维模式：主导思维模式的是理性自我、感性自我，还是平衡的自我？这个自我关注练习只是为了增加你对自我的觉察而已，所以用不着做任何记录。不过，这仍然是一项很重要的练习：如果连自己习惯哪一种思维模式都没办法确定，又怎么能对它做出改变呢？

如果担心忘记做这项检测，不妨想些办法提醒自己：写一些小纸条放在抽屉或是卫生间里；在自己的日记本或日程表上写下提醒的句子；做一个提醒的标识，贴在冰箱上或放在学校的个人物品柜里，诸如此类。总之，请你不要局限于条条框框，想尽一切办法提醒自己思考：主导我思考的，是理性自我、感性自我，还是平衡的自我？

每个人都有
情绪脆弱的时候

在高情商训练课中，我们把每个人情绪最脆弱的时候称之为"脆弱点"。

脆弱点会使你更容易陷入情绪化和冲动，即便是平常冷静沉着的人也会在疲乏的时候变得情绪化、易激动和脾气暴躁。如何解决呢？在这种情况下，最好的解决方法就是睡觉。如果你想通过喝杯咖啡来提神，那么你一整天都会烦躁不安。

浏览以下脆弱点清单，找出与你相符的选项，并添加你已意识到而清单里没有的项目。认识自己的脆弱点，能帮助你更好地规避它们。这些脆弱点包括：

- 过多或过少的睡眠
- 食用过多垃圾食品
- 水分摄入不足
- 咖啡因摄入过多
- 饥饿和营养不良
- 暴饮暴食或厌食
- 生理和心理创伤
- 内科和外科疾病
- 经济困难
- 失业或待业

- 工作量过大
- 糖类摄入过多
- 脂肪摄入过多
- 近期损失或意外事故
- 近期自然灾害
- 近期感情问题
- 饮酒
- 缺乏锻炼
- 劳累过度
- 近期面临个人失败
- ……

下面这些故事讲述的是脆弱点如何从各个方面削弱人们的情绪管理能力。请你读一读它们，可以帮助你评估自己需要在哪些方面进行改进。

睡 眠

安东尼临近高考时，感受到情绪问题的困扰。他有时候会觉得打不起精神，焦躁不安，在社交场合表现得尤为突出。从学校回家后，安东尼会一直睡觉，晚餐时起来，晚餐后看看电视或打一会儿电子游戏，然后又去睡觉。他好像总是很疲倦，总也睡不够似的。周末他会睡懒觉，甚至一直睡到中午过后才起床。接下来他会试着做些功课，但是因为觉得非常疲倦，根本没办法集中精力，所以总是以再次上床睡觉而告终。

而与之相反的是，乔纳森又睡得太少。他在完成家庭作业方面自律性很强。周一到周五的晚上，每天放学或是冰球训练结束回家后，他会径直回到房间学习，直到晚餐时间。吃完晚饭，他接着完成其他作业。

接下来，他会花上一点时间休闲，打打游戏、和朋友们在网上聊聊天，或是看一会儿电视。他常常一直待到后半夜才睡，第二天一大早 7 点就起床，为上学做准备。

安东尼和乔纳森都有睡眠失衡的问题。睡得太多和太少都会导致我们更容易受到感性自我主导，同时控制情绪的能力也会被削弱。

饮　食

布莱安娜很清楚地意识到，自己在饮食方面出现了问题。有时候，她一连好几天都吃得很少，有时候却又会暴饮暴食，她感觉自己已经完全失控了。吃得不多的时候，布莱安娜觉得很疲倦，无精打采，容易因为一点小事就对别人怒目相向；吃得太多时，她又会对自己感到失望，进而产生沮丧压抑的情绪。

平衡饮食对于掌控情绪的能力有很大的影响。就像布莱安娜所感受到的，吃得太多或太少都容易导致自己被感性自我控制。

身体疾病

贾斯汀在 23 岁时被诊断患有糖尿病。他感觉自己似乎成了一个异类，好不容易才接受了这一现实。糖尿病给贾斯汀带来了很多麻烦。他每天要验四遍血，并且必须定时给自己注射胰岛素。这些都是糖尿病患者必须要做的事，但是要找到合适的时间去完成却很不容易，而且贾斯汀并不想让朋友们知道自己得了这种病，只能躲躲藏藏地去做，就更是难上加难了。他常常错过验血时间，有时候甚至连打胰岛素的剂量也不够。医生告诉贾斯汀这样做对他的身体不好，可能导致更加严重的健康问题。他也的确发现自己时常头晕，很难集中精力，而且动不动就发脾气，但是无论如何，贾斯汀只希望自己显得和大家没有什么不同。

许多年轻人都有身体健康方面的问题，比如糖尿病或是哮喘等。有时候，人们会因为受伤而引发慢性疼痛，或者患上其他一些需要接受治疗的疾病。如果你的身体患有任何疾病或有哪里感觉疼痛，遵照医嘱进行治疗是非常重要的。不遵医嘱可能会引起更加严重的健康问题，同时也会引发情绪上的问题，以贾斯汀为例，因为不按时注射胰岛素，导致他变得暴躁易怒。处理好身体上的疾病对于管理情绪是很有帮助的。

体育锻炼

露易莎在 24 岁那年被诊断患有抑郁症和焦虑症。医生建议她先尝试改变生活方式，而不是通过服药解决问题。医生最为强调的一点，就是要多多锻炼身体。他告诉露易莎，通过锻炼能促进大脑化学物质的分泌，帮助她改善心情，实际上是一种自然的抗抑郁疗法。虽然露易莎对锻炼毫无兴趣，但她还是认为自己应该尽量避免吃药，所以决定尝试一下。一开始，她每星期健走 3 次，每次 15 分钟，渐渐地，运动量增加到每星期 6 次，每次 45 分钟。露易莎发现健走以来自己的确感觉好多了，而且她真的喜欢上了这项运动。

体育锻炼并不能完全替代药物的作用，但的确能帮助人们改善心情。运动给人带来的好处很多。如果某天你进行了适量的运动，你会感到精力充沛，情绪积极向上，也能集中注意力。我们都知道锻炼能促进身体健康，就像露易莎感受到的，它同时还能改善心情，降低焦虑水平。对于暴躁易怒的人来说，锻炼同样是一个很好的发泄出口，是一个通过健康方式提升情绪管理能力的好办法。

药物和酒精

迈克从 22 岁时和朋友们聚会就开始喝酒，他觉得这没什么大不了，大家都喝酒，爸妈喝，哥哥也喝。再说迈克喝酒从不耽误事，每次喝多了之后他都能找人把自己平安地送回家。不过有件事还是引起了迈克的注意：每次喝酒之后，他会连续好几天情绪化，变得冲动，常常是上一秒钟还好好的，下一秒就为鸡毛蒜皮的小事暴跳如雷。迈克决定尝试戒酒，收敛一些脾气。果然，他发现自己不喝酒时脾气好多了。

药物和酒精能够影响情绪，滥用这些东西的人对于自己情绪状态的改变常常是束手无策的。他们可能发现食用这些东西后自己一反常态，情绪变得时好时坏，更容易冲动行事，做出不明智的决定，甚至干出一些铤而走险的事情来。

咖 啡

列欧大学毕业后在一家网络公司工作，每天都要喝大量的咖啡，他认为咖啡是提神的佳品。但是，随着咖啡摄入量的增加，列欧的心跳加速，情绪容易激动，常常会陷入莫名的焦虑之中。他不明白是怎么回事，直到参加高情商训练课之后，才恍然大悟：过度饮用咖啡不仅会影响胃口，导致营养不良，还会引起血糖的不平衡，让人陷入激动和焦虑不安。

后来列欧果断减少了咖啡的摄入量，情绪变得稳定起来。

咖啡虽然能够提神，但摄入咖啡因太多会导致心率加快、强制言语、发抖和思维混乱等，严重影响你对情绪的自控力。

总之，人的脆弱点很多，它会使你的思维过程变得混乱，情绪变得更糟糕，如果不小心应对自己的脆弱点，就容易让情绪失控，酿成大祸。

还记得本书开头愤怒的山姆吗？

当他在高速公路上飙车被警察叫停后，事情可能并没有结束。这时如果恰逢是他情绪最脆弱的时候，或许是因为他最近睡眠不好，饮食失调；或者咖啡因摄入得太多，情绪易于激动；或者刚刚挨了教授的批评……那么吃罚单这件事情很可能会进一步刺激他的愤怒，或者引发出其他衍生情绪，比如怨恨——他会怨恨警察："世上比这严重的案子多了去了，你们警察不去管，为什么偏偏要来管我呢？！"也许，亢奋的情绪会让他产生这样的想法："我刚刚被那个混蛋司机欺负了，现在又被眼前这个混蛋警察欺负，我怎么如此倒霉，如此软弱呢？不行，我再也不能这样被人欺负了，我要捍卫自己的尊严！"于是，他的情绪会变得越来越激动，思维越来越紊乱，最后可能会冲着警察破口大骂，甚至袭警，从而导致事情无法收拾。

练习题16：通过改变生活方式减少情绪的波动

现在你已经知道，受到日常生活中一些行为和习惯的影响，我们会比较容易受到感性自我的掌控。请你思考一下，为了更好地控制自己的情绪，你打算在哪些方面进行改善。

下面列出的是日常生活中一些可能对情绪产生影响的因素。请你依次回答每个部分的问题，确定自己在这一方面是否有需要改进的地方，然后再仔细考虑一下改进后希望达到的最终目标是什么。

睡　眠

你每天晚上的睡眠时间大约是几小时？

一觉醒来时你会觉得精神抖擞吗？

你喜欢在午后小憩片刻吗？如果会的话，时间是多久？

小憩后，感觉更好还是更差？

要知道睡眠太多或太少都容易让人头脑昏沉，行动迟缓。请结合你对以上问题做出的回答，确定自己是需要增加睡眠时间还是减少睡眠时间。

如果确定这是自己需要改进的方面，请想一想，如果要朝着自己的目标前行，迈出的第一步应该是做什么？（比如，如果要增加睡眠，可以把小目标设定为：每天晚上提前半小时上床，然后再渐渐把时间提前到一小时。）

饮　食

除了三餐之外，你每天还会吃一些点心吗？

你的大部分餐食和点心是健康食物吗？

你是否会因为一时冲动而吃东西——比如因为无聊，或是为了排解悲伤、难过之类不愉快的情绪？

你是否为了减肥或体验自控的感觉而不吃东西？

有时候，人们遇到的饮食问题比较严重，不得不寻求专业人士的帮助。如果你有这方面的问题，并且已经超出自己控制能力之外，不妨对信任的人倾诉一番。假如还没到这种程度，但是你确定自己在饮食方面的确需要改进，请想一想，如果要朝着自己的目标前行，迈出的第一步应该是做什么？（比如，假如你眼下每天只吃一餐，可以把小目标设定为：吃少量的食物当早餐，然后再慢慢增加早餐的分量。）

治疗身体上的疾患

你有需要吃药或进行理疗之类的生理疾病吗？如果有的话，你是否在按时吃药，或按照医嘱进行治疗呢？

如果确定这是自己需要改进的方面，请想一想，如果要朝着自己的目标前行，迈出的第一步应该是做什么？（比如，你可以了解更多与自身疾病有关的知识，弄明白为什么这些药物和治疗是必不可少的。）

体育锻炼

你是否定时进行某种锻炼？如果是的话，多久锻炼一次，一次锻炼多久？

如果你患有疾病或身体不适，一定要在制订锻炼计划之前向医生进行咨询。如果你确定自己需要加强锻炼，请想一想，如果要朝着自己的目标前行，迈出的第一步应该是做什么？（比如，如果现在每星期锻炼一次或两次，每次 15 分钟，则可以提高到一星期三次，然后渐渐增加锻炼时间。）

药物、酒精和咖啡因

你有服用街头毒品、喝酒或者过量摄入咖啡的习惯吗？如果有的话，多长时间一次？（如果你不愿意把信息透露在这里，可以另取一张纸写下来，或者只在心里默答就好。）

这些习惯是否在学校、工作场合、人际关系或生活中的其他方面给你带来困扰？

在生活中，是否有人告诉过你滥用药物和过度饮酒是个问题？

吃药、喝酒或者过量摄入咖啡后，你是否容易做出不妥当的决定，或让自己后悔的事情？

如果确定这是自己需要改进的方面，请想一想，如果要朝着自己的目标前行，迈出的第一步应该是做什么？（比如，如果喝酒对你造成了困扰，可以把小目标设定为：每个周末只有一个晚上允许喝酒，而不是两天都喝，然后再慢慢进一步减少饮酒量。如果你认为自己无法解决这个问题，不妨向戒酒协会或是向自己信任的人求助。）

第 1 2 课

Don't Let Your Emotions Run Your Life for Teens

无效行为，
有效行为

情绪化地说话做事，既不能改善人际关系，也不能让事情顺顺利利，对我们没有任何好处，在高情商训练课中，玛莎·莱恩汉博士将这种情形称之为"无效行为"。

例如，你请求朋友开车带你去购物，但朋友说她不巧有事，不能带你去。你感到很生气，因为每次她请求你帮忙时，你都尽力去帮。你真想冲朋友大喊大叫，告诉她太自私。如果你真的这么做了，你很可能就彻底失去了这个朋友，你的这种做法就是无效行为，源自你的感性自我。

与"无效行为"相对应的是"有效行为"。有效行为源自你的慧心。它既不像理性自我那样僵化，也不像感性自我那样随性，而是这两者的结合和平衡，是充分考虑理性和感性之后，所采取的最明智的决定和行为。

例如，你打算到超市采购一周的食品，但不幸的是，其他很多人也在做同样的事情。你花了半个小时购物，准备付账时，却看见付账的人排起了长队，估计还要再等半个小时。这时你已经精疲力竭，烦躁不安，你很想丢下购物车就这么走了。但是，如果真那么做的话，你要么一周没有吃的，要么只有另找一家超市重新购物。因此，虽然你很累、很烦，但仍然忍受着，坚持站在排队付账的行列中。在这里，放弃排队是无效行为，坚持排队是有效行为。

又例如，你与一位感情丰富的朋友狠狠地吵了起来，你们两个的声音都很大。你感到很受伤，很生气，以至于想摔门而出，从此绝交。但是，你的潜意识也承认，这段长时间的友谊是你最珍惜的友谊，你还是希望友谊能够继续。因此，你没有离开，你深深地吸了一口气，然后用"平衡的自我"开始说话，向你的朋友表达你的感受，彼此原谅。在这里，摔门而出是无效行为，争取原谅是有效行为。

长期目标与有效行为

然而，我们经常意气用事，换句话说，我们常常在冲动的驱使下，怎么"爽"就怎么来，而不是从自己的长远利益出发，去做有用或对健康有益的事。结果就是，你爽了，事却没办成，甚至弄砸了。比如，你觉得数学老师偏心，故意给你打低分，直到有一天你实在是气不过，跟老师闹翻了。你冲老师说了很多难听的话，还骂她"混蛋"，把对她的愤怒痛快淋漓地发泄了出来，然后转身冲出了教室。

请你想一想，一时痛快之后会是什么结果？

你可能因为对老师出言不逊被重罚，而且，下一次批改试卷时，老师还可能善待你，给你高分数吗？这正是一个典型的"无效行为"——在冲动之下做出的行为的确让你感到很痛快，但最终却导致你与自己的长期目标渐行渐远。

你曾经有过类似的"无效行为"吗？请试着把能回想起来的情境写下来：

既然你已经理解什么叫"无效行为"，我们来看看怎样做才是"有效行为"。在高情商训练课中，"有效行为"要求我们用平衡的自我主导自己的言行举止：不是任由冲动驱使我们凭感觉做事，而是对事态进行评估，采取有利于自己朝长期目标靠近的行为，或是做能够真正满足自己需求的事。所以，有效行为的前提便是确认自己的目标所在。一旦认定了自己在某种

情境下的长期目标，接下来就要考虑为了达到目标该做些什么。要知道，有效行事的技能并不能保证我们的梦想一定成真，但是，如果做事讲究技能，梦想成真的机会当然会大得多。为了帮助你加深对有效行为技能的理解，我们来看看下面这个例子。

凯尔的故事

凯尔对自己的人生很有一番计划。他打算为上大学争取到一笔棒球奖学金，将来做一名医生，为妈妈分担一些经济上的负担。凯尔从 16 岁时就有了这个计划，现在 17 岁，一切都在有条不紊地进行——他的成绩很好，一些顶尖大学也对他青睐有加。但与此同时，凯尔也承受着沉甸甸的压力。妈妈为了攒钱供凯尔读书一直打着两份工，可是如果拿不到奖学金，光凭妈妈的能力还是无法负担他上大学的费用。

在一次棒球训练课上，教练对凯尔特别严苛，凯尔忍无可忍，与教练对骂起来，差一点还动手打了他。结果凯尔的训练被暂停了。他收到了通知，如果想回去继续训练，必须先报名参加一个情绪控制的课程。凯尔认为这事儿荒唐透顶。他觉得这一次事出有因，不是自己脾气不好，而是教练实在做得太过分了。但同时凯尔也知道，自己与目标之间的距离正在一天天缩短，如果这件事处理不好，可能会让一切努力前功尽弃。凯尔最后还是同意参加情绪控制课程，虽然实际上他觉得这是多此一举。事情的结果是，凯尔被允许重新回到棒球训练场，而他赢取奖学金的目标也有了实现的可能。

读了凯尔的故事，你有什么想法？也许你觉得很不公平，凯尔不该让步。但是，凯尔的行为恰恰是有效行为。说不定凯尔本人也知道，痛骂教练一顿，不去上情绪管理课，感觉会更爽。但是他也知道，那么做不但对自己达到目标毫无益处，还有可能破坏自己赢得长期利益的机会。凯尔的所作所为恰恰是为了追求目标而必须要做的事。

人们之所以没能采取有效行为，常常是因为受到自身想法的干扰。我们总是在脑子里虚拟出事情的发展方向，然后据此做出反应，而不是根据真实的情境做出反应。再举一个典型的例子：交通法规规定酒后不能驾驶，这天恰逢周末，你与几个朋友多年未见，相谈甚欢，你想："这样的场合，喝点酒应该没关系，只要自己小心驾驶就行，而且哪有那么巧就正好碰上了警察。"于是你喝了不少酒，结果被警察抓了个正着。这个例子恰恰说明，有时候人们做出反应所依据的并不是真实的情境，而是自己的臆测。

所以，在处于某些情境之中时，我们必须唤醒平衡的自我，才能做到有效行事。受到上司不公平对待时感到生气，这是人之常情，可是如果让愤怒控制自己的行为，朝上司大喊大叫，冲出办公室，这就说明你需要换一个思维模式了。比如，你的理性自我会告诉自己：如果辞职，就得另外去找工作，现在工作不好找，而且你还准备通过这份工作攒一些钱去旅行。这时候平衡的自我会渐渐浮出水面，帮助你明确目标所在，确定什么样的行为才符合自己的最大利益。你可能会想："上司这样对待我，我真的很生气，可是我不想失去这份工作，现在自己很激动，最好还是等自己冷静下来，再找个适当的机会与上司沟通。"

练习题17：如何做到有效行事

现在，该轮到你自己动脑筋想一想什么叫作"有效行为"了。请你设想某种情境,可以是曾经发生过、正在发生或者将来可能发生的,假想自己置身于其中,然后回答下面的问题。这项练习的目的,是让我们思考身处某种情境之中时,为了满足自己的需求,能够做些什么(或者当时做错了什么)。

描述情境:

对于这个情境,你的想法和感受是:

在这种情境中,你的感性自我希望你如何行动?换句话说,能让自己感觉很爽,但实际上毫无用处的行为是什么?

在这个情境中,你有目标吗?或者有长期的目标吗?

在这个情境中,你可以采取什么样的有效行为?换句话说,你可以做到的、对达到长期目标有帮助的做法是什么?

如果做这项练习时感到比较困难,不妨试着想象一下:当朋友遇到类似的情况时,你会怎样劝他?此外,你也可以向自己信任的人求助。

第 1 3 课

从冲动到行动，
你还有机会

　　前面讲过，当情绪被唤醒的同时，你的身体也为行动做好了准备，情绪会自动支配你做出一系列相应的行动。虽然情绪本质上不是行动，但是它能唤起人们的行动，它是行动的前奏——冲动。

　　不过，冲动并不是行动，从冲动到行动还给人留下了短暂的时间，抓住这个稍纵即逝的机会，你还可以成功掌控自己的情绪，避免错误的行为发生。当然，要做到这样，你必须对冲动和即将采取的行动有清楚的认识。比如，当你感到愤怒和羞愧时，你要知道自己接下来会有什么样的冲动，又会采取什么样的行动。请看下面的列表，然后，凭自己的经验和记忆识别出你所经历过的情绪和与之相对应的冲动和行动。

愤 怒

当愤怒的情绪出现后，你能感知到的冲动和行动：

感到不安和敌对

想诅咒所有人

想揍人或揍枕头

想对别人尖叫

肌肉紧绷

皱眉头

胃不舒服

想打人或砸东西

想逃避愤怒的情绪

肾上腺素激增

血液往上涌

心脏跳动加速

……

当感知到愤怒的时候，你做的事情或有可能做的事情：

皱眉或做鬼脸

和别人摆臭脸

对别人大吼大叫

扔东西

咬牙

握拳

打枕头或沙袋

跺脚

逃避和他人交流

诅咒和咒骂

抱怨

告诉别人我生气了

尽量避开惹我生气的人

言语攻击惹我生气的人

和别人的眼光对视

加速驾驶

对人冷言冷语

……

悲 伤

当悲伤的情绪出现时，你能感知到的冲动和行动：

感到疲惫

不想和别人交流

不想上学、上班或进行社交活动

想独自一人

感到无助

无精打采

胃痉挛

感到被孤立

想哭

感到痛苦、压力大

不想起床

沉浸在悲伤的回忆中

胸闷感

注意力无法集中

没有食欲

……

当感知到悲伤的时候，你做的事情或有可能做的事情：

躲在自己的屋子里

更喜欢独自一人

流泪、哭泣或大哭

告诉别人自己很伤心

让别人不要理我

听悲伤的音乐

看悲伤的电影

花很多时间待在床上

不停回想伤心的事情

注意力集中在悲伤的情绪上

对生活、自己、他人和信仰产生疑惑

拒绝试图安慰我的人

……

恐 惧

当恐惧的情绪出现时，你能感知到的冲动和行动：

怕得发抖

想奔跑

想躲起来

想逃避

感到紧张和尴尬

想被关爱

想待在家里

心里七上八下

……

当感知到恐惧的时候，你做的事情或有可能做的事情：

逃避我所害怕的人或地方

发抖

呼吸困难

说话紧张

痛哭或啜泣

祈求帮助

试图逃跑

少说话

大喊或尖叫

感到孤立

谈论令我害怕的东西

告诉别人我的恐惧

避免和别人谈论我的恐惧

假装不害怕

对害怕的事左思右想

……

羞 耻

当羞耻的情绪出现时，你能感知到的冲动和行动：

感到僵硬、麻木

有想要逃跑的冲动

有想要伤害别人的冲动

有想要伤害自己的冲动

肠道搅动

脸红

说不出话来

感到渺小和无意义

口干舌燥

……

当感知到羞耻的时候，你做的事情或有可能做的事情：

逃避他人

低头

走路没劲儿

想要被原谅

充满歉意

十分愧疚

说抱歉

瘫坐在地上

通过送礼物弥补对他人的歉意

试图修复我所造成的伤害

失败的经历在脑海中挥之不去

告诉别人我的存在毫无意义

双眼无神

……

高情商训练课的创始人玛莎·莱恩汉说过一句很有意思的话——情绪其实很自恋。意思是，一旦某种情绪被激活，为了保持自己的存在感，它会一直刺激这个人的心理和身体做出相应的反应。所以，当一种情绪被唤醒之后，这种情形会不断重复出现。幸运的是，在冲动和行动之间还存在着一个缝隙，还给行动留有余地，尽管所剩的时间不多，余地很小，却可以让我们有时间和机会去辨别哪些冲动是合理的，哪些冲动需要克制，并学习一些技能来阻断这些情绪的反复出现。这些技能属于相反行为，主要指采取与冲动相反的行为。

控制冲动的技巧：
与冲动对着干

现在来看一看，有效管理情绪的一个重要技巧：与冲动对着干。

冲动常常与感受相随相伴。在感觉愤怒时，我们心中会产生攻击的冲动，可能是口头上的，也可能是行为上的。情绪低落时，我们恨不得躲开一切纷扰，到没有人的地方独自待着。焦虑时，我们忧心忡忡，可能想避开人群，而且会对所有可能引起焦虑的事物退避三舍。

人们的行为常常受到这些冲动的驱使，因为感性自我认为它们就是"正确"的做法，而且这样做很爽，可是，如果你能暂缓片刻，用平衡的自我看待整个情境，就会发现冲动驱使下的大部分行为都与自己的最大利益相冲突。实际上，意气用事只会让你的情绪体验变得更加强烈，于事无补。

如果你对一个把自己惹恼的人破口大骂，等于在给自己的怒气煽风点火，结果可能做出不符合自己道德标准和价值观的行为，而且往往会在事情过后感到自责和后悔。同样的道理，如果在情绪低落时逃离人群，你会放大悲伤的情绪，加剧孤独感；避开可能让自己焦虑的情境最终反而可能会引发长期的焦虑。

"与冲动对着干"的意思从字面上看已经很明白：先弄清楚随着情绪产生的冲动是什么，然后只管跟它反着来就是了。需要注意的是，只有当这种情绪继续下去会导致无效行为的时候，这项技巧才适用。前面说过，情绪是有作用的，当情绪出现并且给我们传递了某种信息时，也就是说，当我们在某种情境下感觉到某种情绪，并且准备有所行动时，如果你察觉到了自己的冲动，就可以做与之相反的事情来阻止冲动行为的产生。当然，如果陷在强烈的情绪当中无法自拔，将很难唤醒平衡的自我来掌控全局。比如，如果你被某个人气得要命，满腔愤怒的你可能根本没办法意识到自己的冲动，自然无法做与冲动相反的事情，你可能只能顺着冲动去行动，很难逆流而上了。所以，使用这项技巧时一定要记住：首先你要意识到自己的冲动，最后才能与冲动对着干。对于不同的情绪而言，"对着干"到底是怎么做呢？请看下面表格中列出的内容：

情绪	冲动	怎样对着干
愤怒	攻击（语言和行为上的攻击）	礼貌善意地对待对方，如果太难办到，试着巧妙地避开对方
悲伤	逃避人群，自我隔绝	融入人群
焦虑	逃避可能引起焦虑的一切事物	接近可能引发焦虑的情境或人
内疚	终止引起内疚感的行为	如果你的所作所为没有违背自己的道德标准或价值观，只管继续做就好
惭愧	逃避人群，自我隔绝	融入人群

与冲动对着干能帮助我们降低情绪的激烈程度，从而求助于平衡的自我，以更加有效的方式去做事。

使用这种技能解决与愤怒有关的问题时，需要着重强调一点：愤怒带来的并不仅仅是行为上的冲动。换句话说，愤怒并不仅仅影响我们的行为，而且还影响我们对情境的看法，这种看法通常以评判的形式出现。（玛莎·莱恩汉，1993 年）

所以，如果你要与愤怒导致的冲动对着干，不仅需要在行为上对着干，在思想上也要"对着想"，因为愤怒不仅影响人们的行为，同时也包括人们的思想。

同样，假设你害怕找某人约会，就会产生逃避的冲动，那么相反的行为会要求你怎么做呢？当然是不逃避，主动找他或者她约会。如果你被拒绝，感到沮丧和羞愧，就会产生封闭自己的冲动，那么相反的行为就是走出去，约会下一个人，并且尽可能地这么做。你害怕当众演讲吗？害怕会让你产生逃避演讲的冲动，那么相反的行为就是参加一门公共演讲的课程，全身心地加入，并且计划轮到你的时候，做一次勇敢的演讲。诀窍就是"表现得好像很好"。当你表现得好像你不生气时，最终你就会停止感到愤怒；如果你表现得仿佛你并不难过时，你的悲伤就会消散。

注意，相反的行动要起作用，必须一遍又一遍地重复它，直到你的情绪得到改善。这可能需要一点时间，不要立即放弃。还有一点非常重要，你必须把你自己完全地投入到相反的行动中去，尽你所能，让你整个人和自我都投入到行动、思考之中，并最终感觉有所不同。记住，不要对自己的行为有任何评判。允许你自己感到不一样，让太多的愤怒，或太多的悲伤，或太多的担忧随风而去。有意识地参与你的每一步，聚焦于有效的结果。

下面是一些情绪产生出的冲动和行动，了解它们，可以帮助你站在这些冲动的对立面，与冲动对着干。

站在愤怒的对立面

强烈的愤怒可能会影响你的工作。你会感到紧张，并把全部注意力集中在引起你愤怒的事情上，从而忽略那些真正重要的事情。请看下面的清单，勾选出所有符合你非常愤怒时的情况，并在下面的横线上填写你的答案。

当我感到非常生气时，我倾向于：

- 车开得很快或挑衅驾驶
- 牙关紧咬，瞪着别人
- 肩部紧张，挑衅他人
- 大喊大叫，把我的愤怒转移到错的人身上
- 咒骂、扔东西或说一些可能会后悔的事
- 找回避我的人
- 感到被排斥
- 推搡、猛推或拳打某人
- 胃不舒服或没有胃口
- 感到紧张或晕眩
- 感到心脏有问题或高血压
- 失眠
- 旧瘾再犯（如果是在康复中）
- 丢或砸东西
- 说一些冲动的或之后会后悔的话
- 妨碍学习或倾听
- 妨碍工作表现
- 沉迷于错误或复仇的幻想
- 其他：

1. 采取与愤怒相反的身体语言和姿势

- 做三个深呼吸
- 如果你的手握成了拳头，松开它们
- 把一个挑衅的站姿变成一个友好的邀请的姿势
- 把你的双手放进口袋
- 其他：

---

2. 采取与愤怒相反的面部表情

- 面带一个浅笑（不是一个假笑）
- 用一个你认为表达平静的表情
- 让面部充满怜悯
- 用你的面部表情表达你对他人的兴趣
- 用你的面部表达温柔
- 其他：

---

3. 采取与愤怒相反的行为

- 告诉某人你很在乎他
- 告诉某人，"我爱你"
- 凝视一棵树
- 去做个按摩
- 温和地避开那个令你生气的人

- 格外小心轻拿轻放物品
- 缓慢地喝一杯冰水
- 拥抱某人
- 为你的敌人祈祷
- 想一下令你生气的这些人生活有多艰难
- 赞美一下你讨厌的这个人
- 大声对自己说,"我可以处理这种情形"
- 如果你在开车,要格外小心,开得比平常更慢
- 花五分钟时间伸展你全身上下的肌肉
- 想一些与愤怒相反的事情,诸如幸福的时光、美丽的风景、成功
- 听一些舒缓的音乐和喜爱的歌曲
- 其他:

站在恐惧的对立面

强烈的恐惧会严重影响你的生活质量。它会影响你的工作效率、人际关系、个人发展、旅行以及许多其他的事情。极端恐惧的案例包括恐慌症和广场恐惧症,这是一种让人变得很恐惧以至于几乎不能出门的障碍。勾出下面符合你自身情形的选项。

当我感到非常恐惧的时候,我倾向于:

- 身体紧绷或颤抖,胃不舒服
- 想要逃跑,逃避聚会、上课或工作

- 避免旅行
- 避免外出
- 暂停或结束项目
- 事后批评自己
- 感到偏执或怀疑
- 避免新的有意思的体验
- 避免认识新的有意思的人以及约会
- 避免当众表演
- 没有胃口
- 失眠
- 思绪翻腾，七上八下
- 拖延工作，忧虑未来
- 其他：

---

1. 采取与恐惧相反的身体语言和姿势

- 站直
- 跟其他人有恰当的眼神接触
- 舒服地坐着
- 仰望天空一小会儿
- 昂首
- 挺胸
- 走路的时候要有自信
- 笔直地坐在椅子上，双手轻轻重叠

- 把手安静地放在桌子上，不要轻敲它们
- 静静地坐着，脚不要轻敲地面
- 其他：

---

2. 采取与恐惧相反的面部表情

- 试着采用一个"认真的"面部表情
- 试着模仿一种自信的表情
- 采用一个浅笑的表情
- 采用一个严肃的面部表情
- 试着用一种感兴趣的表情看着别人
- 其他：

---

3. 采取与恐惧相反的行为

- 去接触让你恐惧的事物或者人
- 如果你害怕去学校，那么就去学校
- 如果你害怕旅行，那么就抓住机会去周边城镇进行短途旅行
- 如果你害怕约人出去，那么约吧。如果你被拒绝，接着约下一个人出去，再约下一个
- 参加被邀请的聚会。只要你一到那儿，就问候人们，介绍你自己，融入其中
- 如果你对找一份新工作感到焦虑，参加几个面试，即便是一些你不

打算去的工作岗位

・全身心投入到你的练习中去，习惯它

・其他：

站在难过或悲伤的对立面

你是否听过这种说法，"不要把你的房子建在墓地"？我喜欢这句谚语，因为它承认墓地是真实的。墓地是用来哀悼和缅怀的地方，它们证实了我们的失去，但是把房子建在那儿，却意味着让你自己活在悲惨之中，而你本不必如此。如果你住在墓地，你就会错过你人生中的其他美好，以及那些只发生在墓地之外的精彩经历。如果你的难过或悲伤的时间太长或强度太大，那么练习这些技能。看一下这份清单，太悲伤会导致其中的某些问题。

当你感到非常悲伤时，你倾向于：

・感到泪水盈满了眼眶，沮丧和缺乏兴趣

・把时间耗在缅怀我失去的人或物上面

・发现我的关系受损，因为我停留在我失去的事物上面

・没有胃口

・睡得太多或睡得太少

・觉得我再也不会爱了

・怨恨那些看起来幸福的人

・想要自杀

- 对疾病的免疫力下降
- 排斥他人想要结识我的意图
- 健忘
- 感到痛苦
- 对其他人表现得刻薄
- 其他：

---

1. 采取与悲伤相反的身体语言和姿势

- 昂首
- 坐得笔直
- 走路笔挺
- 看喜剧
- 听积极向上的音乐

2. 采取与悲伤相反的面部表情

- 面带微笑
- 对他人微笑
- 面带自信
- 对同事、同学或家人保持眼神接触

3. 采取与悲伤相反的行为

- 参与你应当参加的活动
- 去上班、上学或参加其他活动
- 锻炼
- 吃饭
- 唱赞美诗、励志歌曲或哼唱高兴的曲子
- 保持个人卫生
- 盛装打扮
- 出门散步
- 花点时间逛图书馆或书店

对于悲伤，也许有一句话值得牢记："痛苦不会从生活中消失，只会消失在生活里。"

上面，我们列举了与冲动对着干的例子。但需要提醒的是，与冲动对着干，并不是压抑自己的感受，或者忽视自己的情绪。压抑情绪是一种无效行为，只会让事情更糟，让情绪彻底失控。与冲动对着干，是积极去管理情绪，调整情绪，让平衡的自我掌控局面，这是一种有效行为。

练习题18：与冲动对着干

这项练习的目的，是帮助你分析自己在什么时候曾经与冲动对着干，在什么时候下没能做到这一点。想一想，自己在什么情况下曾经巧妙地应用过这项技能，什么情况下却没有，最终你就会明白是什么样的行为帮助了自己，什么样的行为阻碍了自己，以及下次遇到类似的情况应该怎么做。在下面的图表中填写自己当时的感受以及随之产生的冲动。如果是冲动行事，就沿着"是"这条路线回答问题，对这一举动的结果进行评估；同样的，如果你没有冲动行事，沿着"不是"的路径回答问题。

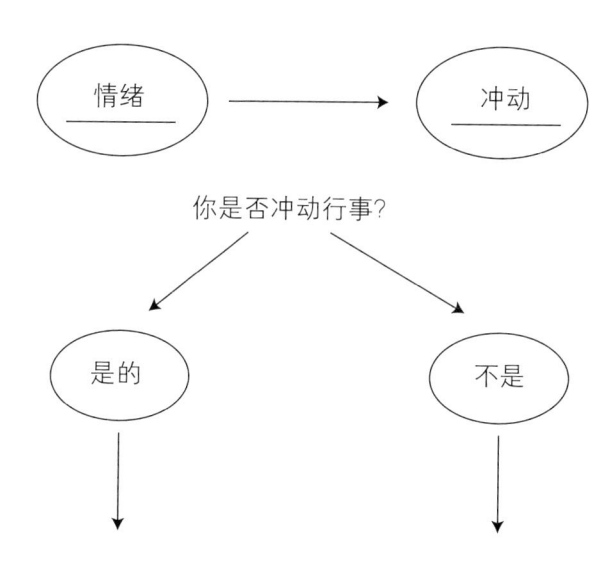

```
   情绪  ──────→  冲动
   ___              ___

        你是否冲动行事？
         ↙         ↘
       是的          不是
        ↓            ↓
```

是的	不是
你做了什么？ 结果如何？ 你的情绪是变得更加强烈还是有所缓解？ 这样做是否有助于你达到长期目标？ 你为这件事感到后悔吗？	你做了什么？ 结果如何？ 你的情绪是变得更加强烈还是有所缓解？ 这样做是否有助于你达到长期目标？ 你为这件事感到后悔吗？

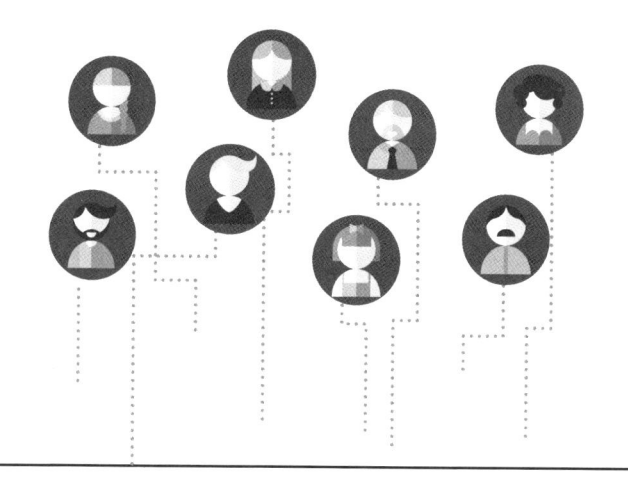

高情商训练的第四大技能：少评判，多接纳

Part
<<< 4

第 1 5 课

少一点评判，
少很多痛苦

在生活中，你不得不面对苦恼和伤痛，它可能是身体上的，比如走路时不小心把脚崴了，也可能是心灵上的，比如失恋的沮丧和痛苦。你无法从根本上避免这些伤痛，但是当这些痛苦的情绪向你无情地袭来的时候，你却可以采取一些应对技巧，降低它们对你的伤害程度。

在这一部分，我们会介绍几种实用的承受痛苦的技巧，帮助你减少极端情绪带来的痛苦，那就是：少评判、自我认可和接受现实。

少评判

你发现了吗？当你感到生气、失意以及受到伤害的时候，很容易对引发这些负面感受的人或事进行评判。好朋友把你的秘密透露给别人，你会想这人太"坏"了；走在街道上，突然踩到香蕉皮滑倒，重重地摔了一跤，你会大骂那个扔香蕉皮的人，评判他太没有公德心了，甚至还会把环卫工人也捎带上，评判他们没有尽职尽责，当然，你也有可能把评判的矛头转向自己，骂自己："笨得像猪，竟然没看见那个香蕉皮"。

评判会衍生更加强烈的负面情绪。

评判会导致失望和痛苦。

评判会占据你的思想，阻碍你全身心地观察眼前发生的事情。

高情商训练课之所以能够成功调节情绪，提高你的情商，关键的技巧就在于接纳和改变。接纳是指完完全全接纳已经发生的事情，不因它而生气、指责、沮丧和悔恨。任何形式的评判都意味着你还没有接纳已经发生的事情，还对它耿耿于怀，这会触发你产生大量的衍生情绪，生活在怨恨和沮丧之中。这样一来，你就会继续陷入情绪化的思维和行动中，并把过去的错误带到今天和明天。

泰戈尔所说："假如你因错过太阳而哭泣，你还会错过群星。"

接纳意味着不做评判，实际上，你只有在真正接纳的基础上，才能获得改变，正如尼布尔的祷告所说："愿上帝赐我平静，去接纳我无法改变的；愿上帝赐我勇气，去改变我能够改变的；愿上帝赐我智慧，让我能分辨这两者之间的不同。"

"不加评判"究竟是什么意思？

对事物进行评判，实际上就像为它们贴上了一个又一个简单的、不能提供任何有效信息的标签，而且我们往往会将自己的评判当作现实，虽然它们并不是事实，只是评判而已。比如，认为透露秘密的朋友很"坏"，就是一种简略的标签，它并不能解释你为什么认为这个朋友"坏"，也没能透露事情的任何一点来龙去脉。如果你对另一个朋友说，你觉得这个朋友很"坏"，却又没有把前因后果说清楚，他根本不会明白你是什么意思。

"不加评判"的技巧则恰恰相反，它让我们谈论的是事实和感受。比如，不说朋友很"坏"，而是这样说："亏我还这么信任他，他居然背叛我，向别人透露我的秘密，我真是又生气又难过。"如果这样对另一个朋友倾诉，他可能会懂你的意思。

为了把这个概念讲清楚，我们还是回过头来看看之前的例子。你努力复习却仍旧考了低分，于是骂老师是个"混蛋"。"混蛋"这个词就是评判，是你给老师贴上的短标签。这种简短的标签有什么用呢？它解释不了任何事情。你应该考虑清楚，自己说出的这个词背后藏着的意思究竟是什么。

为了做到不评判，你可以这么说："我一看到老师打这么点分数，简直快气炸了。这次考试我准备得特别充分，这么低的分肯定有问题。"发现区别了吗？你很清楚地表达了自己的意思，不但把事实说得清楚明白，而且还表达了自己对这件事的感受和看法。

所以在学习这一课时，请你相信，这项技巧虽然掌握起来并不容易，不过只要能够多加练习，最后一定能运用自如。接下来的这项练习，就会帮助我们进一步理解评判和不评判之间的区别。

练习题19：评判和不加评判有什么不同？

读一读下面的句子，你认为它们是在进行评判吗？请你圈出对应的答案。（答案在本书结尾揭晓）

1. 我本来可以把工作完成得更好一点。是评判　不是评判
2. 儿子有时候真是太淘气了。是评判　不是评判
3. 我是个窝囊废。是评判　不是评判
4. 每次憋不住火的时候，我就觉得自己好失败。是评判　不是评判
5. 每当我想看足球，可是妻子非要占着电视的时候，我真的很恼火。是评判　不是评判
6. R&B是世界上最好听的音乐。是评判　不是评判
7. 我今年对数学课很感兴趣，不过还是觉得这门功课挺难的。是评判　不是评判
8. 我认为把自己的照片放到社交网站上去很不安全。是评判　不是评判

9. 英国女作家罗琳是一位了不起的作家。是评判　不是评判
10. 没人邀请我参加聚会，真是失望透顶。是评判　不是评判

从这些句子中你会发现，评判可能是负面的，也可能是正面的。从情绪管理的角度出发，我们更加关注的自然是负面评判，因为它们更容易成为情绪管理的绊脚石。不过，不论我们做出的是正面评判还是负面评判，只要练习着去体察它，就一定会有所帮助。

不加评判为什么这么重要？

不幸的是，在我们的生活中评判无处不在。耳濡目染之下，我们也就养成了动辄进行评判的习惯，有时候只在脑子里想一想，有时候根本不想脱口而出。实际上，评判没有什么帮助，它不能让我们心情舒畅，

反而会使我们愈发痛苦。把我们的情绪想象成一簇火焰，评判就是一根根木柴——当我们做出每一次的评判，不论是大声说出来还是暗暗在心里想的，都等于在为情绪的燃烧添加燃料。

练习题20：给情绪煽风点火

请你回想自己生气时的情境——不论是生自己的气，还是生别人的气——想想当时自己是否做出了助长怒气的评判？在心里想到或是说出口的都可以，把它们填写在木柴图案中的横线上。

如果暂时想不到合适的情境，也可以等到真正体验过后再尽快回来

做这个练习。

我们常常在不知不觉中就做出了评判,所以想要捕捉它们可不容易。你在做这项练习的时候有什么感受呢?比如,要分辨出某句话是评判或不是评判是不是很难?是否仅仅回想一下当时的情境,就几乎把相关的情绪又全部体验了一遍?请把自己的感受填写在下面。

_____

_____

_____

评判并非一无是处

到现在为止,我们说的都是评判带来的负面效果。但是在实际生活中,评判并非一无是处。比如过马路的时候,看到红灯开始闪烁,就得决定要不要继续往前走。这时候我们就要做出评判:继续往前走安全吗?这种评判是必要的,而且它不会引发任何负面感受。如果你与妻子一起去买东西,一定会看到她不断评判哪种商品"好",哪种商品"不好",这些评判也是不会带来任何痛苦情绪的。

在公司里,老板必须对你进行评估,通过你的工作成绩来判断是否应该给你加薪,这也是很有必要的一种评判。有时候,我们还需要通过评判的方式进行学习。比如,我们要评估自己在某种情境中的某个行为,确定这种行为是适宜得体还是不太妥当,是不是需要道歉或是进行改进。不过请记住,就算你真的犯了错,为自己曾经的言行感到后悔不迭,在对自己下结论的时候,还是要尽量温和一些。比如,跟男朋友吵架的时候,在气头上的你说了很多难听的话,甚至还说要分手,事后又感到很后悔,并因此骂自己是"混蛋",那么事情只会越变越糟。相反,你只需要意识到自己对男朋友出言不逊，为此而后悔，并且对自己的言行感到很生气，这就可以了。你可以这样说："我知道自己有爱激动的缺点，说了些错话，我为自己的言行后悔，不过，我依然是个好人。"这仍然是一次评判，是必要的评判，但和把自己叫作"混蛋"那样的评判不同，它不会让我们心情低落。

总的来说，每个人或多或少都必须做出评判。我们想要做的并不是彻底抹除它们，而是减少会引发负面情绪的那些评判。

怎样才能做到不加评判？

要做到不加评判，第一步是在进行评判时有所察觉。

要知道我们常常在不知不觉做出判断，自己却很少觉察得到。在这里介绍一个几乎百试百灵的方法：当你发现自己突然之间感受到负面情绪的时候，往往意味着自己在进行评判。换句话说，假如你没有身处任何可能引起情绪爆发的情境当中（比如与人吵架等），却突然感到愤怒、失意、受伤，或者怨气冲天，基本上就可以断定，你在进行评判。

第二步就是发现自己在进行评判时，将评判的内容转换成不带感情色彩的陈述。要做到这一步是需要技巧的，因为我们仍旧想对发生的事情表达感受和意见，同时又不希望自己的评判让事情变得更糟。这时候该怎样做呢？只要照实说出事实，然后表达自己对此的感受就可以了。例如，某个人令你很生气，你想对他说："你真是个傻瓜，我被你气得想要大喊大叫了！"当你觉察到自己在进行评判时，可以将内容转换成"我现在非常生气，都想大喊大叫了"，这样一来，你既表达出了自己的感受，又避免了用评判激怒对方和自己。

评判之所以起不到任何帮助作用，一个原因是它们不能为我们提供有效信息。比如，你原本有事想找男朋友倾诉，但他完全不听你在说什么，只是一个劲儿地试图说服你，这叫你很生气。最后，你终于忍无可忍地对他说："你可真混蛋！"可是，你并没有解释为什么觉得他混蛋，也没有告诉他，如果他不想当混蛋的话该怎么做。结果他说不定反过来会生你的气，问题就变得更加麻烦了：你没有给他有效的反馈，却让事情变得更加糟糕。为了打断这样的恶性循环，你可以告诉他：你好像没有听我说话，这叫我感到十分挫败。这是一个不带任何评判的陈述——你说的是这个情境下的事实，同时也表达了自己对此的意见和感受。如果想要做得更好，你还可以提供一些信息供他参考，让他知道应该如何改变自己的做法（如果他愿意改变的话），好让你不再因为他而感到挫败。

我们来看另外一个例子。假设你与姐姐吵了一架，原因是你想向她借毛衣穿，却被拒绝了。你说她"不公平"，这是一种评判。如果想在陈述事实的同时不加评判，应该这样说："你不把毛衣借给我，我感到既生气又失望。"这样说不见得能让你达到目的，但是基本不会导致事态进一步恶化，因为你只是坚定地表达你自己的感受而已。而直接说她有多么不公平反而可能惹恼她，你想达到目的的希望就更加渺茫了。

通过这些例子，你也许已经明白，评判就是把话说得很简略。我们往往给某人或某事贴上一个评判性的标签，却没有表达出自己心里真正的想法。而不加评判的表达正好相反，它是一种清晰而坚定的沟通方式。

对自己不加评判

读到这里，你可能会想：如果我并没有对别人下判断，只是评判自己，这样做是不是就没有问题了呢？实际上，当你的评判从对外转为对内时，还是一样会给自己带来痛苦。很多人都受到过不同程度的霸凌，当我们对自己给出评判的时候，我们就成了霸凌者——我们在欺负我们自己！别吃惊，这种事并不少见。你可能听说过这句话："我们是自己最残暴的敌人。"

言下之意就是，对自己好比对别人好更不容易做到。评判自己一样会带来摧毁性的结果，甚至比评判别人更糟。

我们来看另一个例子。你对自己的考试分数很不满意，不过这一次你没有评判老师，而是对自己下了评判："我什么事都做不好。我太蠢了，这个水平怎么可能读完大学，并顺利毕业呢？！"想一想，这样的话会带给自己什么感受？你大概会对自己感到生气、伤心和失望，可能会感到焦虑，也可能内疚或惭愧。不妨问问自己：如果被某个朋友或室友这样评价，你会怎么做？随他去说吗？还是反唇相讥？希望你能为自己撑腰——也就是说，在对待自己时不进行任何评判，不再自己欺负自己。

练习题21：将评判转变为不加评判

读一读下面这些表达评判的句子，试着将每个句子改为不带任何评判色彩的陈述。完成这项练习以后，也许你需要找一个信任的人帮忙检查答案，对你所写的各种情境下的事实和感受进行确认。第一句是已经完成的范例：

你正好好地开着车，有人突然变道，超了你的车。
评判：你这个白痴！
非评判：那家伙居然突然变道超了我！我快被他给吓死了！他差点儿把我从马路上挤了下去，真是气死人了！

你拿到成绩单，数学得了个B。

评判：我应该考得更好一点才对。
非评判：

今天上班的时候，我仅仅迟到了10分钟，就被老板罚了。
评判：老板有时候真是太过分了。
非评判：

学校里的风云人物举办聚会，你却不在被邀请之列。
评判：我活得真失败。
非评判：

评判：R&B是世界上最棒的音乐。
非评判：

评判：英国女作家罗琳真是一位了不起的作家。
非评判：

学习进行到这里，希望你能够感觉到，尽管评判来无影去无踪，但通过这项技能的训练，还是能帮助我们减少生活中的痛苦情绪，让自己在情绪管理之路上行进得更加顺利。

自我认可

不加评判能够帮助人更加有效地管理情绪。对于情绪来说，评判相当于火上浇油，不给负面情绪的火焰添加燃料，它便不会越烧越旺，而我们的情绪之桶也不会总是装得满满当当的。自我认可在这一方面同样很有帮助。请注意，我们在这里所说的"自我认可"，指的是认可自己的情绪，以非对抗、非破坏性的方式接纳情绪，其中最重要的技巧是对自己的情绪不加任何评判。

评判自己的情绪，意味你在与情绪对抗，试图以粗暴的方式调整自己的感受，这种行为无异于想用一把锤子敲开一朵莲花，只能让情绪变得更加糟糕，以至于不可收拾。

任何形式的评判情绪，都意味着你不认可自己，不接纳自己。

你有过对自己的情绪进行评判的体验吗？比如，你对某个人感到很生气，但是又觉得自己不该这样，这时候你可能会对自己说"我得忍住"，于是强行把这种怒气压下去。回忆一下，这种做法管用吗？你是不是越压抑愤怒，最后愤怒的情绪越容易爆发，还特别强烈呢？！这是因为你在压抑生气的时候，先对生气这种情绪做了一个评判——生气不好。你不愿意接纳这种"不好"的情绪，所以，想要千方百计将它们彻底清除掉。但是，这样做的结果恰恰相反，你的评判会让生气的情绪陡然升温，变得更加强烈。我们来看一个例子。

凯莱布的故事

凯莱布和女朋友交往两个月的时候，女朋友提出了分手。凯莱布深爱着她，为自己的爱没有得到同等的回报而心碎不已。可是他同时又觉得自己为这件事如此消沉是很"愚蠢"的。他不断告诉自己为了她这么做不值得，告诉自己让事情赶紧翻篇，为此一蹶不振简直是犯蠢。就这样，他渐渐因为自己的消沉而感到愤怒，整体感受自然变得更加糟糕了——失恋带给他的不仅仅是难过和悲伤，如今又加上了对自己的愤怒。

你发现了吗？凯莱布之所以生自己的气，是因为他对自己的情绪做了评判，陷入了自责。自责是不接纳自己的情绪，不认可自己，这会让情绪的火焰越来越旺。无论你产生了什么情绪，承认你的情绪，不要去评判它或者自责，这样做才能认可自己。回忆一下，你在这方面做得怎么样？你觉得自己比较容易认可自己还是不认可自己？利用下面的练习，你可以仔细思考一下这些问题。

练习题22：对于自己的情绪，你是倾向于认可还是不认可？

我们都有能够认可自己的时候，但在有的时候，却会感到自我认可很不容易，这要视情境、牵涉的人，以及——最重要的——我们的感受而定。我们将部分情绪名称列在下面，请仔细思考，然后在你觉得自己能够认可的情绪旁打钩。换句话说，在产生这些情绪的时候，你不会对自己进行评判，而是认为有这些感受很正常（你并不一定喜欢这种情绪，只是认为自己有权利产生这种情绪）。如果想到任何要补充的情绪名称，请写在横线上。

生气	恐慌	暴怒	孤独
焦虑	怨恨	压力山大	平静
放松	喜悦	担忧	心碎
恼怒	兴奋	愁苦	忧伤
消沉	狂喜	喜出望外	_____
窝火	紧张	悲痛	_____
沮丧	害怕	抱怨	_____
失意	受伤	难过	_____

接下来,再浏览一遍以上情绪名词,这一次在你觉得不认可的情绪旁画叉——也就是会导致你进行自我评判的情绪。就像这本书中的许多练习一样,你可能觉得其中一些情绪需要真正体验过,才能有切身的感受和看法。我们还没有习惯于对自己的想法和感觉进行深入的思考。如果你正是这种情况,那么就在体验过之后再来做练习,这样才能确认自己产生这些情绪时倾向于认可还是不认可。

关于情绪,我们接收了很多信息

如果你是位男子汉,在出现恐惧或悲伤情绪时,不认可自己的情绪,认为这样的自己是个娘娘腔,这种评判会让事情恶化,衍生出更强烈的情绪——你不单单会出现恐惧或悲伤情绪,还会对自己的恐惧感到恐惧,对悲伤感到悲伤,甚至还有可能觉得有这种情绪是一种羞耻,并将自己视作一个意志薄弱的失败者。评判常常会导致衍生情绪的产生,这对生活、工作和人际交往都没益处。

如果仔细回忆,你可能会发现你对情绪的评判并不是天生的,而是后天习得的，它来自于家庭、学校以及其他环境对你的影响，是环境教会你如何看待、表达和控制情绪的。这种影响可以是潜移默化的，也可以是堂而皇之的。当这些评判令情绪变得激烈之后，你的思维也会变得紊乱，有时甚至都记不得是什么事情引发了你的情绪，从而丧失了对事情的感受和感知能力。

只要能够确认自己对于自身情绪的想法和感受，就能进一步思考自己为什么会有这样的感受。我们常常从家人、朋友乃至社会环境中接收到关于某种感受的信息。比如，你的父母亲可能告诉过你："发火可不好。"当你觉得难过时，朋友会说："行了行了，这事儿就让它过去吧。"我们的社会也会提供一些刻板化的信息，比如"男孩不哭"之类的。下面这些故事描述的就是我们如何在日常生活中接收种种关于情绪的信息。读一读它们，你可能会明白自己对情绪的想法和信念究竟是怎么来的。

泰勒和布兰登的故事

泰勒的父母亲在他十岁那年离婚了。他记得父母在离婚之前总是吵个不停。泰勒的爸爸总是很晚才下班回家。妈妈会因为他不提前打电话通知她而生气。爸爸则不停地埋怨妈妈，说自己加班都是为了贴补家用，妈妈没权利给他脸色看。泰勒的爸爸说妈妈是故意想激怒他，知道说些什么准能让他生气。

看着爸爸妈妈经常生气、吵架，弄得全家不得安宁，泰勒从小就认定生气不好，到了十三岁那年便在处理愤怒方面出现了问题。由于他一直认为愤怒"不好"，每次当愤怒的情绪出现时，他都不认可，也不接纳，而是想方设法"压抑"怒气。不过，每次的压抑都以情绪大爆发而告终，因为他最后会把积累的全部怒气一股脑儿地发泄出来。现在泰勒甚至会为不值一提的琐事而生气，这样阴晴不定的性格渐渐把朋友们全都吓跑了。这个问题同样也影响到他与家人的关系，泰勒觉得越来越孤单。

布兰登生长在一个不爱表达情绪的家庭里。如果他因为什么事表现得很兴奋，大人们就会说他很烦人，叫他安静点儿；他难过地抱怨几句，同样会被家人叫停；哭也是不被允许的，因为那样"像个女孩一样"，而男孩是不哭的。在布兰登的家里，愤怒被贴上了"小气"和"不友善"的标签，而焦虑则是"懦夫"和"胆小鬼"才会有的表现。大人们频频这样直截了当地否定布兰登的情绪，长此以往，布兰登自然不愿意去觉察自己的情绪，更别说进行表达了。他会用尽一切办法，对自己的情绪要么视而不见，要么退避三舍，反正就是不肯接受它们，认可它们。布兰登被这些观念影响了太长的时间，以至于每当体察到这些情绪时，就会对自己进行评判。

有关情绪的观念形成的过程复杂多变，上面这两个小故事只不过是其中的两个事例而已。有时候我们收到的信息是很微妙的，就像泰勒的故事中那样，虽然信息不是直接说给他听，但他却听进去了。有的时候，信息是直接传达的，就像布兰登的经历那样，家人直截了当地告诉他，有些情绪是坏情绪。

练习题23：你接收过哪些与情绪相关的信息？

再看一看练习题22中列出的情绪，选择其中一种你不认可的，将它写在下面标有"情绪"的横线上。接下来，将你接收到的有关这种情绪的信息写下来，不论是从家人、朋友还是社会中接收的都可以。最后请你想一想，在这些信息的影响下，你产生了什么样的想法和感受，同样把它们写下来。请你将每种自己不认可的情绪都照此梳理一遍，如果书中提供的位置不够，可以另外拿一张纸写下来。首先请看范例：

情绪：焦虑

我接收到的与这种情绪相关的信息：我不该有这样的感觉，这太傻了。

这些信息使我产生了这样的想法和感受：我认为焦虑会使我变得脆弱，而且感到焦虑时我会觉得很羞愧。

情绪：_____

我接收到的与这种情绪相关的信息：_____

_____

这些信息使我产生了这样的想法和感受：_____

_____

情绪：_____

我接收到的与这种情绪相关的信息：_____

_____

这些信息使我产生了这样的想法和感受：_____

_____

情绪：_____

我接收到的与这种情绪相关的信息：_____

这些信息使我产生了这样的想法和感受：＿＿＿＿＿＿＿＿

你会发现，只要能留意对于自身情绪的想法和感受，要做到自我认可就变得比较容易了——尽管我们接收到的种种信息仍然在发挥作用。

练习题24：认可自己

我们需要继续练习如何辨认自己的想法和情绪，如何与自己谈论这些想法和情绪。下面列举的是一些认可型的陈述，也就是不带评判的陈述，你可以用类似这样的句子告诉自己，这些情绪的出现并不会让自己感觉更糟糕。

"我这么想很正常。"

"是个人都会这么想。"

"大家都有这么想的时候。"

"我这么想是可以理解的。"

"我允许自己有这样的感受。"

以上哪些句子能够改善你对自己不认可的情绪的态度？请你将认为有帮助的句子标记出来（用荧光笔标记或画下划线等方式都可以）。然后，试着想一想是否还有其他的句子，能提醒我们用不加评判而且更为客观的方式看待这些情绪？请你把它们填写在下面的横线上。要记住，这不等于要求你喜欢这种情绪，也并非不允许你产生改变它的想法，而是要求你在感觉到这种情绪时，不要对它进行评判，以免火上浇油，给自己带来更多的痛苦。

_____

_____

_____

用这种方式改变扭曲的想法并不是轻而易举的事，所以我们可以把这些认可型陈述单独抄写在一张纸上，然后随身携带，每当发觉心中产生了自己不喜欢或不认可的感受和情绪，就可以把这张纸拿出来，将这些句子念给自己听。

接受现实

除了不做评判、自我认可之外，还有一种技巧可以帮助你减轻痛苦，它就是接受现实。

接受现实，是指你不与现实对抗，不因它而生气发火，不去试图改变它原本的样子。你要接受它，承认这个现实是过去一连串的事情以及你和他人的决定所导致的结果。事件既然已经发生，你已经无能为力，因为你无法改变已经发生的事情，只能接受。

接受现实最大的作用有两点：一是能减少负面情绪，不让衍生情绪的火焰熊熊燃烧；二是当你的情绪减少或者冷静下来之后，就能看清当下的情形，并抓住现实，获得一个理想的未来。与之相反，不接受现实，你就会始终处在愤怒、抱怨、沮丧和自责的情绪之中，看不清事情的真相，也无法做出改变。

你还记得自己上一次感到痛苦不堪的时候吗？你是否听到自己说"这太不公平了""这样不对"，或者"事情不应该是这样的"等类似的话？回想一下，你这样做对自己是有帮助，还是让你产生了更多的负面情绪，或者让情绪变得更加强烈？什么让你感到痛苦，你就与什么抗争，这是很自然的事。可是，这种不接受现实的态度只会让痛苦的侵袭变本加厉而已。下面这项练习能够帮助你认识这一点。

练习题25：与现实较劲的结果

回忆一下，最近你是否对自己的某段经历做出"不公平""怎么能发生这种事"或"这也太扯了吧"之类的评判？请你试着回忆当时的情境，然后回答下面的问题：

简单描述一下当时的情境：

___

与当时的情境较劲时你有什么感受？如果这个问题回答起来有困难，不妨从这四种基本情绪反应中寻找灵感：喜悦、愤怒、悲伤和恐惧。需要提醒的是，在同一时刻你也许会感受到不止一种情绪。请你把能辨别出来的情绪全部写在下面：

___

在与事实抗争的过程中你做了什么？比如，为了逃避现实，你是否蒙头大睡、酗酒或滥用药物？你是否因为情绪太过脆弱而经常哭泣或朝别人发泄？把能够回想起来的行为全部写在下面：

___

你能想到与现实较劲给自己带来的任何好处吗？

___

总的来说，拒绝接受现实会让我们的情绪像雪球一样越滚越大，这种后果与对自己和他人加以评判、不认可自己的情绪等行为带来的后果是一样的。看看下面的例子，你可能就会明白了。

克丽的故事

克丽20岁的时候交上了第一个男朋友布拉德。她很喜欢他，两个人在一起交往了大概一年。虽然两人待在一起的时间并不算多，但是克丽深深沉溺在这段感情中，觉得一切都很美好。有一天，布拉德突然提出分手，他说自己爱上了别人，克丽竭尽全力挽回，但是没有任何作用。

克丽崩溃了。她感到一点儿也提不起精神来，所以她从第二天开始就不去上课，整天待在房间里哭泣。她总是想：事情不该是这样的，老天真是不开眼，怎么能让这样一个可以给我幸福的人离开。就这样过了一天又一天，万分沮丧的克丽开始自残，希望通过身体上的疼痛来减轻感情上的痛苦。这也是她惩罚自己的一种方式，因为她认为自己一定是做错了什么，才导致了布拉德的离开，从而让自己承受这样的痛苦。

失恋的感觉的确很不好受，很多人都会感到痛苦不堪。但你也许已经发现了，克丽是在与现实较劲，这才令她比其他人感觉更痛苦。她认为"这不公平"以及"事情不该是这样的"……这些想法勾起了她更多的负面情绪，让她陷入了羞愧和自责的衍生情绪之中，而她的自责又增加了负面情绪的种类，最终导致了类似于自残这样扭曲的行为。我们来看看接下来发生了什么。

随着时间的推移，克丽渐渐接受了布拉德移情别恋的事实。她意识到自己对此根本无能为力，而且虽然不愿意面对，却不得不面对。她把"这就是现实"奉为新的箴言，依靠它熬过一天又一天。克丽发现这种新的态度对于自己开始新的生活很有帮助。伤心难过并没有消失，她仍旧想念着布拉德，只是不再责怪自己，不再生自己的气，痛苦的情绪也相应地有所缓解，不再像以前那样难以忍受了。

与现实较劲与接受现实的区别

当我们在生活中遇到让自己痛苦的事情，要做到坦然接受是很不容易的。所以，我们往往不肯面对这样的现实，而是选择与之抗争，或千方百计地否认它，仿佛通过这种抗争和否认，现实就可以改变一样。可是，我们一方面拒绝承认让自己不痛快的现实；另一方面却心知肚明，这样做不能改变已经发生的事情。与现实较劲不会让情况好转起来，反而会带来更多的痛苦。

接受现实意味着你能够明明白白地看清现实，并且做出相应的举动，而不是与它较劲，试图改变它的原貌。要记住，接受与赞同是两码事——接受现实只是不加评判而已。换句话说，在接受某件事的时候，你只不过是看到那个事实，并不是对它的好坏做出判断。在上一个例子里你已经发现，克丽尽管不愿意，但最终还是接受了自己所处的境况。所以，请你牢记这一节课里学到的内容：评判只会让你的痛苦变本加厉，接受现实可以看作是对于现实不加评判。

接受现实并不意味着……

接受现实并不意味着放弃努力，而是指你不用再通过愤怒和责备的方式与过去的事情纠缠不休，或者耿耿于怀。实际上，只有正视自己和现实，然后客观地看待它，你的思路才会更清晰，也才能找到更好的解决之道。

不接受现实，把大量时间和精力浪费在责备自己和怨恨环境上，除了让自己感到痛苦之外，不会给你带来任何好处。比如，老板做出了一项让你不太满意的决定，对于你来说，接受现实并不等于乖乖听从老板的，不再为此付出任何努力。你可以接受老板已经做出了决定这个现实，然后以不生气不埋怨的态度再与老板就具体情况进行沟通，寻求让他改变主意的可能性。

但是，你也要明白，在生活中有很多事情都是你无能为力的，比如眼睁睁看着心爱的人离世却无力回天，对于已经痛苦不堪的你来说，这简直是雪上加霜。还有一种情况，那就是在面对往事的时候。对于曾经做过的事、没能做到的事或是已经发生在自己身上的事情，很多人会感到遗憾、内疚、惭愧和自怨自艾，但是你对这些事没有任何办法，只有接受它们才能继续活下去。虽然接受现实并不能对现实做出任何改变，但的确能缓解你的痛苦，并消除由评判所带来的衍生痛苦。更重要的是，如果你好好地照顾当下，用慧心去处理眼前发生的事情，你也就牢牢掌控了未来。

练习题26："接受现实"是怎样发挥作用的？

以练习题22中使用过的情境为基础，回答下面的问题，便可以进一步了解"接受现实"这一技能是怎样帮助我们的。

你现在能接受当时的境况了吗？哪怕只能坚持一段时间。如果可以，这对你处理这种情况有什么帮助？

如果还是无法接受，那么请试着回忆自己最终接受现实的另一次痛苦遭遇，比如家人、朋友或宠物的离世，失恋，或是失去一位好友，等等。

你能回想起,在自己愿意接受现实后,事情有什么样的起色吗?下面为你列出了一些范例,请把你自己的体会写在范例下面的横线上。

我不再那么频繁地回想当时的情况了。
自怨自艾的感觉有所缓解。
我不再对某些人避而不见。

在你的生活中,是否还有一些已经过去或当下出现的境况是你无法接受的?如果你确定自己曾经或正在与现实情境较劲,请你写下来。如果书中提供的空间不够,可以另取一张纸进行填写。

将自己填写的几种情境一一进行思考,你认为接受这种境况对自己会有什么帮助?比如,是否可以改变自己的感受?是否能够减轻情绪的激烈程度?是否会改变自己做事的方式?

接下来,选择一种你到现在仍然无法接受的情境。为了让自己接受它,你会对自己说些什么?下面照例为你提供了一些范例,也请你把自己的想法填写在范例下面的横线上。

事实就是这样。
一连串的事情导致了现在这个状况。
我不能改变既成事实。

纠结过去的事情只能让我看不清现在。

眼下的确很不容易，但我能熬过去的。

我不喜欢这样，但是已经无力改变了。

自我关注的技能在这方面同样很有帮助。首先，我们要提升自己的觉察能力，意识到自己在与现实较劲；在发现自己的念头朝着不肯接受现实的方向移动的时候，把"接受现实"的句子对着自己默念几遍。请记住，这并不是一项能够轻松掌握的技能——带给我们痛苦越多的现实，接受起来就越难。可是千万不要忘记，从长期来看，这么做一定是能够得到回报的。

实际上，在练习不做评判、自我认可和接受现实这三种技能时，加强自我关注的练习能够起到很大的帮助作用。因为我们的想法常常是下意识的，连自己都很难捕捉，也就是说，我们对于自己在想什么通常毫无觉察或只有些微的觉察。所以，不妨翻回到前面，再次练习自我关注这项技能，锻炼自己的觉察力。只有自我觉察的能力提高之后，当你对自己的情绪产生想法和评判，以及与现实较劲的时候，才能够及时地察觉。

练习题27：练习善待自己

这里要学习的技能有一定的难度，但是只要勤加练习就能渐渐掌握，让你缓解情绪上的痛苦，并且学会善待自己。这项练习的重点在于"自我同情"，不过熟练掌握了这一类练习的方法后，也可以把它运用于其他事情上。

找一个地方，让自己舒舒服服地坐下或是躺好，全身放松。首先，将注意力集中于自己的呼吸——不要试着改变呼吸，只要感受自己的呼吸就好。缓慢、深沉而舒适地吸气和呼气。

在集中精力于呼吸的同时，允许自己与积极正面的感受建立联系——善意、友好、温暖和同情，等等。当你见到心爱的人，看到宠物兴冲冲地跑来迎接你的时候，便会体验到这些情绪。回想你带给别人的温暖和善意，想象着这些感受，就像是发生在当下一样，然后让自己去体验接受这种快乐和爱的感受，以及其他种种为你自己而生的积极情感。当你体验这些善意和友好时，对自己轻声说出下面这些句子：

希望我快乐。

希望我健康。

希望我平静。

希望我安全。

你既可以在心里默念，也可以说出声来，无论是哪种方式，都要把自己的感受和意念加进去，确保在念出这些句子时真正感受到了它们。如果暂时无法体验对自己的善意，请你记住，这些习惯的改变是需要时间的——请你尽量不要评判自己，也不要评判这项练习，只要知道这是一件需要投入更多时间去做的事情就好。如果你能做到常常练习，就会发现自己逐渐能够以更加善意、友好和温和的态度对待自己，也更容易做到对自己不加评判、认可自己的感受以及接受自己所处的现实。

在这一部分，我们训练了一些能够帮助你减少痛苦情绪的技能。知道了少做评判、认可自己的情绪，以及接受生活中引起痛苦的境况，情绪上的痛苦就能有所缓解。要记住，负面情绪越少，要掌控它们就会变得越容易。你渐渐会发现自己没那么容易发火了，能够更加有效地管理情绪，而不是求助于曾经依赖的不良应对方式。只要你真正投入时间和精力练习这些技能，最终一定会看到一个焕然一新的自己。

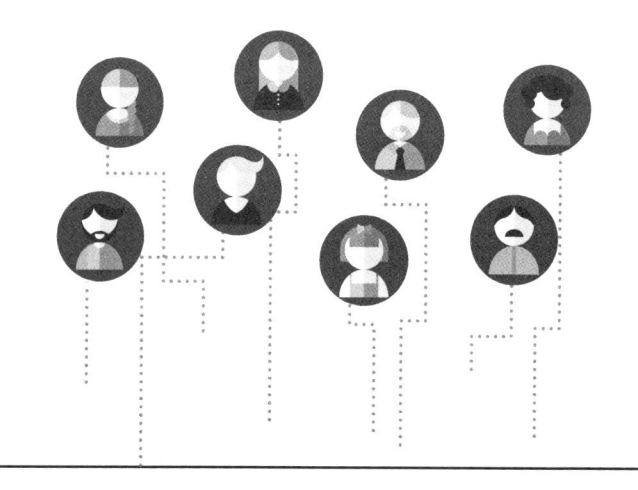

高情商训练的第五大技能：如何安然度过情绪危机

Part <<< 5

第 1 8 课

Don't Let Your Emotions Run Your Life for Teens

深陷情绪危机时，
你可以转移注意力

在生活中，每个人都曾陷入过激烈情绪却不知道应该如何排解。在这种情况下，为了应付排山倒海的情绪，你一时冲动，做出一些失去理智的事情，也是人之常情。在这一部分中，我们将介绍一些健康的方法帮助你解决这个问题，以便安然度过情绪危机。

塔米卡的故事

塔米卡从 20 岁开始在情绪控制方面便出现了问题。有时候她情绪非常低落，甚至有想死的念头。有时候她会陷入极度的悲伤和愤怒之中，把气撒在家人和朋友们身上，然后又因此而感到内疚，以至于用刀割伤或是掐伤自己，仿佛刻意让身体承受痛苦便等同于对自己的行为进行了惩罚。不过，从另一方面来说，自残时，身体会分泌出止痛的内啡肽，这种化学物质的确能够缓解她情绪上的痛苦。但是这种行为是极度危险的。塔米卡知道这样做不好，但是停不下来——因为这种方式管用，至少是能管一会儿用，况且与尝试新方法比起来，依赖这些老办法要显得简单多了。可是，渐渐地，塔米卡的家人和朋友都认为她自暴自弃，自残的行为似乎无可救药，因此对她越来越失望了，而她自己也为自己的行为感到羞耻。

塔米卡很想改变，但她却不知道该怎么做。

你是否从这个故事里读出似曾相识的感觉？也许我们没有自杀或自

残的念头，但是多少都曾经为应对激烈的情绪做过一些努力，而且常常让事情变得愈发不可收拾，因为我们往往会通过打游戏、暴饮暴食、蒙头大睡和酗酒等诸如此类的方法逃避现实。了解这部分课程中介绍的技能后，你便不会继续求助于这些错误的行为，取而代之的是一种积极的不会有任何副作用的应对技能。不过，在学习这些技能之前，首先，要来看看在应对危机情绪方面，现在的你是怎么做的。

练习题28：过去，你是如何应对情绪危机的

改变错误应对方法的难处在于，从短期来看这些方法通常是管用的。当情绪以海啸般的力量打击你时，你根本不知道怎样才能度过情绪危机，在这种时候，这些错误的行为往往能暂时缓解你的痛苦。比如酗酒，比如把头往墙上撞，在疼痛中以便身体分泌出内啡肽。但是要记住，这些方法不会持久。从长远来看，危机还在，引发的情绪也还在，而你可能因为自己行为不当而产生更多痛苦——一般情况下，这些举动不仅会深深地伤害你的身体，还会让你觉得内疚、羞愧和愤怒。而且，就像塔米卡那样，家人和朋友看到你对自己如此放任的做法，也可能对你感到失望。

下面列出来一些不健康的应对方式，请你进行对照，在自己曾经采用过的方式前的方框里打钩。如果你曾经采用过其他一些错误应对方式，也请填写在横线上。

☐ 割伤自己　　　　　　　　☐ 拉扯头发
☐ 以自杀作为威胁　　　　　☐ 掐自己

☐ 用睡觉来逃避现实　　　　　☐ 对别人使用暴力

☐ 喝酒　　　　　　　　　　　☐ 扔东西

☐ 滥用药物　　　　　　　　　☐ 用头撞墙

☐ 赌博　　　　　　　　　　　☐ 发生危险的性行为（比如，不加保护的性行为或一夜情等）

☐ 过度沉溺于电子游戏　　　　☐ 朝至爱亲朋发火

☐ 不吃东西　　　　　　　　　_____

☐ 暴饮暴食　　　　　　　　　_____

☐ 试图自杀　　　　　　　　　_____

从上面的行为中选出一项你最近使用得比较频繁的，回答以下这些问题。

你是否能确定是什么事引发了这种行为，或是哪些因素使得你冒险做这样的事情？将所有可能导致这种行为的事件、人或其他背景因素写下来。

_____

面对情绪危机的时候，这么做对你有什么样的帮助？请写在横线上。

_____

你能想到这种行为给自己带来的负面影响吗？在前面我们曾经提到，这种行为在短期内也许有效，所以要想到它的负面效果可能并不容易，必要时不妨向信任的人求助。将你想到的所有负面影响写下来：

_____

我们对待自己往往比对待他人更加严苛，也更容易失望，所以有时候不妨把自己想象成一个身处同样境地的朋友，与自己来一番促膝长谈。想象你是自己最好的朋友、亲近的家人，甚至宠物都可以。从别人的角度出发，写一封信给自己，说一说最近在处理情绪时采用了哪些错误的应对方式，以及这种行为对自己（和亲人们）产生了什么样的影响，并且鼓励自己做出改变。如果书中提供的空间不够，可以另取一张纸来写。

_____

_____

_____

在面临情绪危机时，我们也可能做过一些不会产生负面效果的行为。有时候，为了不让自己与那一大堆麻烦事和负面情绪纠缠不休，出去散个步、找人聊聊天或是看场电影都能让我们感觉如释重负。请将自己应对极端情绪时采用过的好方法写下来：

_____

练习题29：转移注意力的技巧

处于情绪危机当中时，我们往往无法解决自己面临的问题。如果可以的话，谁不想马上解决，谁不希望危机马上消失呢？面对一个无法解决的问题，你力所能及的最有用的方法，就是把注意力从这个问题上转移开去，而且是以一种长期来看也不会让事情变糟的方式。你可以列出一张能够分散和转移注意力的活动清单，因为在某种程度上，哪怕是处于极端情绪化状态当中的你也知道，分散注意力能让自己感觉好受些，哪怕只是暂时地好受那么一点点而已。

下面是一个分散和转移注意力的清单，其中也许有一种或几种能帮你将注意力从面临的问题和自己的感受上转移开。请你另外拿一张纸，为自己量身打造一张类似的清单并且随身携带，每当情绪危机出现时，就利用它帮助自己转移注意力。

转移注意力清单

画画或涂鸦、找个地方看人来人往

看照片、主动联系自己想念的人

写一首诗或一个短篇故事、更新自己的微博

回想自己开心的时刻、检查电子邮箱

唱歌或跳舞、听喜欢的音乐或引导人们放松的音乐

看从前的毕业纪念册、和朋友在一起

想象毕业后的生活、尝试不同的发型

看电影闭上眼睛，想象自己正置身于喜欢的地方

去户外活动、列出自己的优点

玩乐器、往社交网站上传喜欢的照片

学点新东西、与朋友或兄弟姐妹一起玩桌球

写日记、给手机换一种新的铃声

做一种自己喜欢的运动、为家人下厨

为家人或朋友做些事情、看一场电影或自己喜欢的电视节目

重新布置卧室、玩填字游戏

数数、_____

这些活动不一定全部对你管用，比如，如果你根本不爱运动，"做运动"这一项就没必要列在清单里了。请你开动脑筋，尽量把能想到的事情都列进去。发现危机迫近的预兆或身处危机当中时，你不需要临时去想自己该做些什么——只要拿起这份清单，按照上面列出的第一件事去做就好。假如做这件事没能转移或分散自己的注意力，或者只是稍微转移了几分钟而已，那么就换第二件。拥有的选项越多，分散和转移注意力的成功概率就越大，安然度过情绪危机的可能性自然也就更大了。例如，当布莱恩的妈妈叫他帮忙做家务时，布莱恩很不高兴，他想："她总是叫我做这做那，真烦人！"他感到心中的怒气越来越大，于是走进自己的房间，他想起上次相同的情况发生时，他用数数的方法平复了情绪。他坐了下来，又试了一次，10分钟后，他平静多了，于是向妈妈走去。

安抚情绪的技巧

善待自己的身体对于减少情绪危机很有帮助。同样的道理，安抚好自己的精神世界，放松身心，保持心态平和也很重要。自我安抚不仅能在危机时起作用，如果在日常生活里经常这么做，还能够有效地防止情绪危机的出现。试想一下，假如你经常做一些让自己觉得平静和放松的事，在压力来临时就能够应付自如，压力自然也就不那么容易衍化成情绪危机了。

为了找到自我安抚的方法，请你仔细想一想，做哪些事情能够让自己感觉舒心。安抚情绪的方法是因人而异的，比如，对于养狗的人来说，和狗狗在一起会备感安慰，所以会想和它依偎在一起，享受它的陪伴。

练习题30：自我安抚技巧

想想自己过去做过哪些能够改善心情的事情，比如向某人求一个拥抱、洗个热水澡，或是紧紧裹上一床漂亮的毯子，等等。你也可以想一想，对自己每个感官而言，最喜欢的是什么，比如自己喜欢什么样的味道和触感，喜欢看到什么，喜欢闻什么味道，听什么声音，进而找到投其所好的方法。比如，有些人只要吃到喜欢的食物就会心情大好（当然了，分量要合适），有的人爱抚摸自己养的小狗，有人喜欢欣赏园艺，还有人爱闻新鲜出炉的面包或听到爱人的声音。

能抚慰你的事是什么？把想到的内容添加到之前那份转移注意力事项清单中去。下面已经给出了一些例子，希望能对你有所启发。

自我安抚清单

喝一杯热巧克力

听喜欢的音乐

闻一闻花香

吃一种喜欢的食物

听大自然的声音

看一件自己喜欢的事物

做一个保险箱

当极端情绪袭来时，如果伸手就能够到一些自己喜欢的物件，也能帮助你安抚情绪，使自己冷静下来。发挥你的创意，打造一个类似保险箱一样的容器，用来装你喜欢的东西。下面列出来的是已经被人们选择放入"保险箱"的东西。

家人和朋友的照片

一个喜欢的毛绒玩具

润肤液

一张棒球卡

一块心爱的石头

干花

一本喜欢的书

一首鼓舞人心的诗

一件能够唤起美好回忆的、在旅途中购买的纪念品

危机应对方案

现在，我们该将学习到的这些技能进行综合运用了。深陷于极端情绪的泥沼中时，想保持清醒的头脑可不是件简单的事，因为我们被情绪所掌控，只想做让自己舒服并且容易做到的事，至于那么做长期来看是否有用，根本无暇顾及。但是，如果对引发危机的因素有所了解（包括人、地点和导致压力的事件等），能够在失控之前对危机来临的苗头有所觉察，你就能够帮助自己。比如，也许对于你而言，男朋友约会迟到可能是情绪危机的导火索，而情绪爆发前的征兆则是，你不理睬他，故意冷淡他，或者独自一个人走，把他远远地甩在后面……了解了这些，接下来需要考虑的就是，为了让自己成功应对情绪危机，应该做些什么事情以及可以联系谁。

制订好一份应对方案后，就用不着在陷入情绪危机的关头临时想办法了——我们已经有了为自己量身打造的方案，只管照着它去做就行了。

练习题31：拟定一份情绪危机应对方案

在填写这份方案之前，你可能需要重温一下自己的转移和分散注意力事项清单和自我安抚技巧清单。另外，不妨把这份方案拿给帮助和支

持自己的人过目，比如闺蜜、最好的同学、知心的朋友、自己喜欢的同事和自己信赖的长辈或老师等，总之是你可以自在地与对方谈论情绪问题，知道在感情失控时可以依靠的人。

情绪危机应对方案

姓名：＿＿＿＿＿＿＿＿＿＿＿＿＿＿＿＿＿＿＿＿＿＿

情绪危机的导火索：＿＿＿＿＿＿＿＿＿＿＿＿＿＿＿
＿＿＿＿＿＿＿＿＿＿＿＿＿＿＿＿＿＿＿＿＿＿＿＿＿
＿＿＿＿＿＿＿＿＿＿＿＿＿＿＿＿＿＿＿＿＿＿＿＿＿

陷入情绪危机或感觉即将失控的迹象：
＿＿＿＿＿＿＿＿＿＿＿＿＿＿＿＿＿＿＿＿＿＿＿＿＿
＿＿＿＿＿＿＿＿＿＿＿＿＿＿＿＿＿＿＿＿＿＿＿＿＿
＿＿＿＿＿＿＿＿＿＿＿＿＿＿＿＿＿＿＿＿＿＿＿＿＿

为了转移注意力，我可以这么做：
＿＿＿＿＿＿＿＿＿＿＿＿＿＿＿＿＿＿＿＿＿＿＿＿＿
＿＿＿＿＿＿＿＿＿＿＿＿＿＿＿＿＿＿＿＿＿＿＿＿＿
＿＿＿＿＿＿＿＿＿＿＿＿＿＿＿＿＿＿＿＿＿＿＿＿＿

为了安抚自己，我可以这么做：

＿＿＿＿＿＿＿　　＿＿＿＿＿＿＿　　＿＿＿＿＿＿＿
＿＿＿＿＿＿＿　　＿＿＿＿＿＿＿　　＿＿＿＿＿＿＿
＿＿＿＿＿＿＿　　＿＿＿＿＿＿＿　　＿＿＿＿＿＿＿

能为我提供支持和帮助的人:

可以打电话求助的对象: _____   电话号码: _____

在哪种状态下可以打电话给他: _____

可以打电话求助的对象: _____   电话号码: _____

在哪种状态下可以打电话给他: _____

可以打电话求助的对象: _____   电话号码: _____

在哪种状态下可以打电话给他: _____

可以打电话求助的对象: _____   电话号码: _____

在哪种状态下可以打电话给他: _____

危机热线求助电话(当以上求助对象不方便接电话时可以拨打的电话,比如半夜时分):

_____

对帮助我应对危机的人可能有用的其他信息(比如,家人的信息、其他对我很重要的人的信息、我的目标和兴趣爱好,等等):

_____

_____

_____

其他可以尝试联系的人的姓名和电话号码(如果有的话):

心理医生: _____

家庭医生: _____

辅导老师、精神科医生或其他相关的专业人士:

_____

父母、家庭护理员或其他在紧急情况下可以联系到的人:

_____

情绪危机之所以凶险，其中一个最大的原因是人们一般不会提前为它制订应对方案，这意味着最终我们只能回头求助那些老旧的、简单的、让人舒服但却不太妥当的处理方法。通过学习这一课中介绍的技巧——做一张转移注意力事项清单和自我安抚清单、打造一个保险箱，以及制订自己的危机应对方案——你已经做到了未雨绸缪。现在你只需要确保这些清单和方案都放在自己身边，当感觉到危机来临时，便可以拿出它们，想都不用想，照章办理即可。

随着越来越多地运用这些技巧，你会发觉自己经历的情绪危机渐渐减少，因为你在应对压力和各种不安情绪方面已经越来越熟练了，同时也因为你不再使用过去那些错误的应对方式，所以不会产生更多的负面情绪。当你摆脱了从前的行为模式，家人和朋友们就能看到你改变生活状态和管理自己情绪的决心，也会给予你更多的帮助和支持。

第 20 课

Don't Let Your Emotions Run Your Life for Teens

"逗"自己开心的技巧

此前我们已经学习了管理痛苦情绪和防止新伤痛产生的技巧。可能你已经开始运用这些技巧，并且真的看到了一些进步，所以感觉日渐良好，逐渐有了信心。不过，在这里还是要提醒你：情绪的真正改善仍需更大努力。对于极度压抑、焦虑或愤怒的人来说，改善自身情绪更是需要付出格外多的努力才行。这一节课要向你介绍的，就是提升正面情绪的方法，也可以说"逗"自己开心的技巧。

情绪的改善需要刻意努力

当你产生压抑、焦虑、愤怒之类的负面情感时，往往对什么事都提不起精神来。这样便形成了一个死循环：如果不做一些事情"逗"自己开心，负面情绪只会继续持续下去。在心情不好的时候刻意去找乐子有些让人为难，但它的确是一个把自己拉出低迷状态的好办法。不主动寻找快乐不仅意味着可能失去体验正面情绪的机会，而且无所事事的时间一长，你可能会感到非常空虚无聊。读一读罗伯特的故事，你也许能对此有所领悟。

罗伯特的故事

罗伯特 22 岁时开始产生焦虑障碍，大概一年后，又被诊断出患有躁郁症。经过痛苦不堪的一年住院期后，罗伯特发现自己已经失去了许多朋友。等他返回大学，以前的朋友们全都已经毕业，各奔前程去了。现在，罗伯特的躁郁症已经得到了控制，但焦虑的问题仍旧阴魂不散。为了不让自己失控，他决定一次只修一门功课，同时还在一家零售店做份兼职。一周去一天学校，每周工作两到三天，这样的生活让罗伯特闲得发慌。因为没有那么多事情把空闲时间填满，新的问题便随之产生了——因为无聊，他开始暴饮暴食，体重自然是增加了，心情也日渐郁闷起来。

在百无聊赖时，人们常常会做一些不那么健康的事，比如罗伯特就用吃来打发时间。空闲时间太多，你就有太多时间想东想西，沉溺于一些不良爱好当中，这会让你情绪低落，反过来又会引发新的不良冲动和行为。现在你大概明白把自己的生活安排得充实而且丰富有多么重要了吧？

练习题32：找点有趣的事做

做些什么能让你的心情好一些、放松一些、多一点儿满足感或是觉得有意思呢？请你完成下面这项练习，想一想做些什么能够改善自己的心情？如果能把它们融入自己的生活之中，感觉会渐渐好起来的。

把自己觉得有趣的事列成一份清单，可以是眼下在做的事，也可以是从前尝试过的，只要是能够让自己感觉放松和满足的事就可以。下面已经列举出一些类似的活动，将其中适合你自己的圈出来，如果还能想到其他事，请填写在下面的横线上。

和狗狗一起玩　　　　　拍照　　　　　画画

进行一项体育运动	看电影	玩彩蛋游戏
阅读	散步	与朋友在一起

想到的活动越多越好，如果书中提供的空间不够，可以另取一张纸来写。以你选择的活动中任意一项为例，你一个星期会做几次呢？

在理想状态下，感兴趣的事自然是每天都要做啦！这些事可能不是多么高端大气，也不一定要花费多少时间和精力，但是如果能在生活里多做些有意思的事情，情绪的改善就会越见成效，尽管我们从这些事情上得到的乐趣可能无法和从前相提并论。

如果你没办法每天都找到好玩的事情可做，不妨现在赶紧想想自己可能对什么感兴趣。来一场头脑风暴，把所有想到的点子都填在下面的空白横线上（如果书中提供的位置不够，也可以另取一张纸进行记录）。不要给自己任何限制，尽管天马行空地去想。如果脑海里突然冒出一件可能有趣、轻松又好玩的事，哪怕看起来很不现实，也把它写下来，比如旅行，比如学习飞翔，都可以。

有时候，我们可能很想做一件事，却因为缺时间、缺钱、年龄不够或年龄太大而无法实现。就算这样也不用泄气，我们可以想办法获得与之类似的体验。比如，你早就想报个摄影班，却没钱交学费，不妨在一

些社交网站上寻找相关的兴趣小组，成员之间可能会免费分享各自的摄影心得。如果连兴趣小组都找不到，自己建一个就好了！你还可以找摄影类的书来读，可以在当地找一位摄影师，请他谈谈自己的入门经历。总之要跳出思维定势的框框，尽量地多想办法。要知道，有时候为一件事做计划所带来的乐趣比这件事本身还要多哦。

现在，从自己在前面那一页列出的清单中找出一项活动来，试着给自己制订一份行动计划。下面的问题可以用来帮助我们理清思路：

那份清单所列出的活动中，你最感兴趣的是哪一项？

_____

如果你打算开始这项活动，会遇到什么阻碍吗？如果有的话，阻碍的原因是什么？

_____

假如没有任何阻碍，请你只管制订计划，然后去做就好。如果有阻碍，请你想一想，是否有其他方式可以获得与之有关的知识，或是换一种体验的方式？如果对此感到没有太大的把握，可以向信任的人求助。

_____

接下来，就请你尽情投入到这些活动当中去吧！

第 21 课

训练自我掌控
的技能

做有趣的事对你而言固然是很重要的，但与此同时，你还需要做一些事以获得成就感，获得一种认为自己有所作为的感觉。这是高情商训练课当中另一项重要的技能，玛莎·莱恩汉博士称之为"建立自我掌控感"。可以帮助我们获得自我掌控感的事因人而异。对这个人来说，可能是早上按时起床上班；对另一个人，可能是做一份兼职、去健身房健身、做志愿者或及时赶去上排球课；而再换一个人，可能是进行社交——和朋友们在一起或是参加一次聚会。具体是什么样的活动不重要，你从中获得的感觉才是最重要的，也就是成就感，一种能够对自己说："嘿，看看我做成了什么"的感觉。培养自我掌控感所追求的是一种挑战自我，为自己的行为感到骄傲的感觉。我们来看看奥利弗的故事。

奥利弗的故事

奥利弗的母亲在一年前去世了，从那时候起，他常常无法控制自己的愤怒情绪。奥利弗经常朝父亲发火，虽然他知道自己并不是生爸爸的气，只是仍在因为失去妈妈而感到难过和愤怒而已。为了更好地管理自己的情绪，奥利弗开始练习自我关注和这本书中介绍的其他技能。渐渐地，他发现自己能够对情绪稍加控制了，朝爸爸发火的次数变得少了。他不再任由愤怒的摆布，而是常常阻止自己发生应激反应。他会独处一段时间，等自己平静后再找爸爸谈论那些困扰自己的事情。这样的变化让奥利弗感到自己具有掌控自己的能力——他为此而备感骄傲。对于奥利弗来说，具备了改变自己行为的能力简直可以算是一项了不起的成就。

练习题33：怎样建立自我掌控？

请记住，帮助我们获得自我掌控感的事因人而异。在下面的横线上，列出一些你觉得既有挑战性又能让自己获得成就感的事。你可能会发现，在前面所列的"有趣的事"清单中，有些活动同样能带来成就感，所以这部分可能和前面的内容有些重叠。下面给出了一些例子：

在食物赠济处当志愿者	为邻居的车道铲雪
按时参加锻炼	按时给花浇水、施肥
考试考高分	和朋友们出去玩

如果实在想不起来什么事能让自己获得信心和成就感，不妨想一想自己对哪些行为举动感到"还不赖"。你可以试着向自己提问：如果有个朋友正在努力培养自信心，你会对他说些什么？不要忘了，你随时可以向信任的人求助。

设定目标相当重要

设定一个目标并且实现它，也能帮助你建立自我掌控感。最终你不但会真正爱上这个目标，同时也会因为它的达成而油然而生一种成就感。目标的达成会让你感受到快乐、满足和自豪等积极情绪，你对自己的评价也会有所提升，反过来又会进一步催生积极情绪。人们在为自己设定好目标并且努力朝它奋斗的过程中，会变得乐观开朗，也能够摆脱冲动的控制，不做对自己有害无益的事。

阿伊莎的故事

阿伊莎一直都在与饮食失调的毛病苦苦抗争。她知道自己的习惯很不健康，而且这个毛病已经酿成了苦果。饮食紊乱不但影响了她的人际关系，而且还引发了许多别的问题：抑郁、无法集中注意力和记忆力减退，等等。阿伊莎想过要减肥，可一直坚持不下去。

有一次，她听说当地有个协会要组织一批志愿者到海地，帮助这个被地震摧毁的国家重建家园。阿伊莎一直很喜欢旅行，这个既能帮助别人又能开阔眼界的机会几乎是正中她的下怀。

阿伊莎知道这次机会很难得，便去报了名。她知道，如果自己身体不够健康，一定会被拒之门外，所以她开始着手调理起饮食来。每当她产生想吃点什么的冲动时，就提醒自己：必须保持好的状态，才能按照自己的计划去帮助别人。有的时候，想吃的冲动还真的在这种想法面前败下阵来。渐渐地，阿伊莎的饮食习惯变得健康多了。怀着去海地的目标，阿伊莎成功地减轻了饮食失调的症状，生活变得日益健康起来。

这一趟海地之旅终于成行，阿伊莎因为能够完成自己设定的目标而备感骄傲。她享受的不仅仅是这一趟旅途和在海地的日子，同时还对自己能够克服困难的行为感到非常自豪。跟随志愿者们去到海地，在那里帮助那些不如自己幸运的人们，这样的经历让她感觉棒极了。虽然在做这些工作的过程中遇到了重重困难，但阿伊莎觉得自己在做非常有意义的事情。

练习题34：为自己设定目标

阿伊莎为自己设定的目标不算小，但并不是每个人都有这样的雄心壮志，特别是在短时间内。但是从她的故事里，我们能够看到设定目标和达到目标在方方面面所带来的积极影响。现在，该轮到你考虑自己需要一个什么样的目标了。思考下面的问题，理清自己的想法：

你在6个月之内有什么打算？比如说旅行，比如说用健康的方式控制情绪，比如说找个理想的恋人，或者找份好工作，什么样的目标都可以。

你在5年内有什么打算？就算某些目标与前一项有所重复也没关系，只要写下来就好。

为了达到自己的目标，你做出了哪些努力？比如坚持看心理医生，咨询帮助自己改善情绪的方法，比如一直努力学习提高考试成绩，或是做志愿者以帮助自己找到一份好工作，等等。

为了达到这些目标，还有什么需要努力的地方？

从这些目标中选择一项，想一想，为了离它更进一步，今天你能做些什么？

_____

_____

当你设定目标时，一定要将大的长期目标分解成小的步骤。比如，如果你的目标是进入某所常青藤大学，那么更容易接近的小目标和更容易着手的任务可能是做志愿者，增加社会经历，或者是每周请家庭教师辅导一次以提高数学分数，或者是在网上搜集这所大学的信息进行分析，或者是与在这所大学上过学的人交流，找到提高被录取概率的方法。上大学是大目标，也是最终的目标，把它分解为一个个小步骤，才能让眼前的目标更加现实可行，而不是显得那么难以接近。

如果不想做，该怎么办？

我们常常听到这样一种说法：我真希望做某件事，可偏偏就是没有动力，就是不想做。很多人都错误地以为，必须先感觉到动力，才能开始做事。实际上并非如此。建议你给自己换个新的座右铭：马上行动！动力往往是在真正着手做这件事之后才产生的。比如，你是否总是觉得没有动力做家务？但最终你还不是一样做了！仔细想想那些即使不喜欢但你最终还是想办法完成了的事情：早上起床去上班，上了一天的班之后回家照顾孩子，有时还要去参加那些无聊的应酬，更讨厌的是每个月还要按时交税等诸如此类。

到底是哪里有所不同？为什么有些事我们偏偏就是没办法完成？简单来说，关键就在于有"等我想去做这件事"的念头。上班和家务活都不是人们乐于做的事情，遇到这些事的时候，拖着不干属于人之常情，但同时我们又知道，如果要等到想干的时候再动手，这些事就永远也没有完成的时候了，所以最终我们还是乖乖做完了。这是平衡的自我在起作用。可是，当我们面对的是觉得自己想做的事时，往往就非得等到有动力的时候才肯开始。这是感性自我在起作用。

动力不是等来的。不妨试着把这件事看作一件家务活，用平衡的自我来对待它，不论自己对它感觉如何，都必须马上去做。效果往往会让我们大吃一惊，因为一旦开始动手，就会产生把事情做完的意愿，甚至会很享受地沉浸在其中。莉莎的故事阐述的正是这一点。

莉莎的故事

莉莎有一匹叫作贝尔的马，寄养在离她家不太远的一个农场里。她很爱这匹马，但是当她觉得心绪不佳的时候，完全提不起精神去看它。有时候，她甚至连着好几个星期都不去看贝尔。莉莎觉得自己的做法挺糟糕的，也一直想着应该去看看它才对，可她就是没办法付诸行动。

有一次，莉莎真的去马厩看了贝尔。她本打算看看它就回来，可是最后，她不仅看了它，还骑上它跑了好一阵子。莉莎和贝尔都非常享受与彼此相处的感觉，而且莉莎因为自己在这一天有所作为而收获了满满的成就感。

所以，当你发现自己有"我就是不想做"的想法时，请记住，不管怎样，先行动起来再说。多多参与各种活动，在生活中积累积极正面的感受，对应对痛苦情绪有很大的帮助。

第 2 2 课

Don't Let Your Emotions Run Your Life for Teens

如何看到
事物光明的一面

你是否发现，当自己产生压抑、愤怒、焦虑、自卑等等负面情绪时，脑海中浮现的全都是生活中的负面事物？仿佛你的双眼被一个眼罩遮住，所有积极的事物都被隔离开来。而且，就算看到了积极的方面，你往往也会想方设法把它贬得一文不值，最后将它彻底湮没在消极的观点中。比如，朋友对赢了大学羽毛球比赛的多恩说："你的羽毛球打得真棒！"如果多恩是一个自卑的人，她就有可能这样对朋友说："可是那又怎样，只不过侥幸而已，下次就不一定这么幸运了！"

你可能听过"戴着玫瑰色眼镜看世界"这种说法，它指的是那些心态特别乐观，甚至是有些过度乐观的人。对于态度消极的人也是一样，他们是"戴着墨镜看世界"的人。因为他们戴上了墨镜，所以眼中的一切才会那样的灰败颓废。

练习题35：专注于事物的积极面

很显然，你眼中看到的事物是什么样，很大程度上取决于你的情绪。心情舒畅时，人们往往能看到生活中那些比较积极正面的事物；情绪低落时，则更容易专注在负面事物上。下面这项练习便是为了帮助你取下"墨镜"，不论是好心情还是坏心情，都更加专注于生活中那些积极的事物。

在接下来的两周里，请你填写下画的表格，每天至少记录下一件积极正面的事情，以及你对这件事的看法和感受。可以填写自己的一次体验、别人对你说的一句温暖的话或一个善意的举动（也可以是你对别人表达善意的言行），可以是一次美丽的日出、在学校考的一个高分，也可以是与自己养的小狗在后院看日落的一段平静而轻松的时光。具体的内容并不重要，重要的是你留意到了它的出现。

填完这份为期14天的表格后，你也许会发现，继续留意这些积极正面的事情是一个很不错的选择。

日期	积极事件	对这件事的看法和感受

不拒绝不留恋，只察觉自己的情绪

在痛苦不堪的时候，你的眼中看不到任何积极正面的事物，这样一副"墨镜"同样会导致你留意不到积极正面的情绪。正面的情绪太过短暂，在你觉得压抑、愤怒或焦虑的时候，虽然它们可能会冒头，但只是一闪而过，很容易被忽略。不过，为了不让自己错过好心情，你应该训练自己在它们出现时及时进行察觉。

训练自己对生活里的积极事件及时进行察觉是个不错的办法——如

果能够对积极事件更加敏感，你也会更容易觉察到随之而来的积极情绪。不知道你是否发现，在自己觉得心烦意乱的时候，如果真的碰巧留意到一次积极情绪是什么样的感受？你是否对自己说："啊，太棒了，最近心情这么差，好不容易能轻松一会儿！"或者你更喜欢这么想："唉，最好还是别习惯这种感觉，它根本就维持不了多久！"

　　如果我们体验了极度痛苦的情绪，当一种新的情绪产生时，无论它是积极的还是消极的，都很难单纯地接纳它：如果是消极情绪，我们会进行抵抗或逃避；如果是积极情绪，我们只想紧紧抓牢在手里，最好永不消散。不论是试图抵抗，还是紧紧抓牢，往往只会造成这样一种后果：不想要的情绪挥之不去，想要留住的情绪却烟消云散。在前面的课程里我们介绍过，"接受现实"这项技巧有助于减少痛苦，对于情绪也是一样。当你对于自己的焦虑感全盘接纳，焦虑就会变得可以忍受并且渐渐退去。当你在这一刻感觉很满足，只要接纳这种感受，而不去担心它何时结束，也不想方设法地维持它，反而能够加倍地享受这种感受，而这种感受也会久久不散。

练习题36：觉察情绪的技巧

　　这项练习能够帮助我们掌握觉察情绪的窍门，无论是针对负面情绪还是正面情绪都很有效。找一个舒服的姿势坐下或躺下，整个过程中只要专注于自己所感受到的内容。你会发现有些念头从意识里冒了出来，同时还会留意到一些生理上的感受，不论觉察到了什么，只要去体察就好：允许自己去感受它，但不要用评判的方式给它贴标签。比如，你也许发现此刻自己心如猫抓——不要评判，只要试着去理解或思考它意味着什么，只要在内心标注"心如猫抓"即可。你可能注意到自己对于生活中的某件事感到忧心忡忡，还是同样的做法，只要体察它，不要评判，不要用某种方式对抗或是改变它，只要对它进行标记就好，比如，"我对于下周的考试感到很担心"。当你留意到自己正在体验某种感受，也是一样的做法：不要试着去评判它、对抗它或用某种方式改变它，只要观察它，在心中进行描述，比如"我感到很焦虑"。还有一种方法也很有用，那就是在心中将这种情绪的名字重复说上 3 到 4 次，比如："焦虑……焦虑……焦虑。"通过这样的做法，你辨识了这种情绪，但并没有拿它怎么样。这时候，你也许会联想到在前面课程中介绍过的"自我认可技巧"：当我们完全接纳某种情绪体验时，它便不会那样难以忍受了。这个练习对于积极情绪同样奏效。试着觉察自己的感受，对它进行辨识，比如："满足……满足……满足。"

通过这种办法认识自己的情绪，只对当下出现的所有情绪进行单纯的体验，你就能改变过去对待情绪的习惯，这些习惯包括对情绪进行评判、抓住喜欢的情绪不放或对抗讨厌的情绪，等等。

在这部分，我们学习了很多关于如何在生活中增加积极情绪的技能。我们尝试着找出许许多多自己喜欢做的事，还有能帮助自己建立成就感的事。我们认识到，有的事情不必等到有动力的时候才做，反而应该马上行动起来。最后，我们了解了为自己设定长期和短期目标有多么重要，以及觉察自己情绪的重要性——觉察并且不加评判地接纳它们，能够消减负面情绪，保持积极情绪。接下来，我们将进入训练课最重要的部分：人际交往技能。

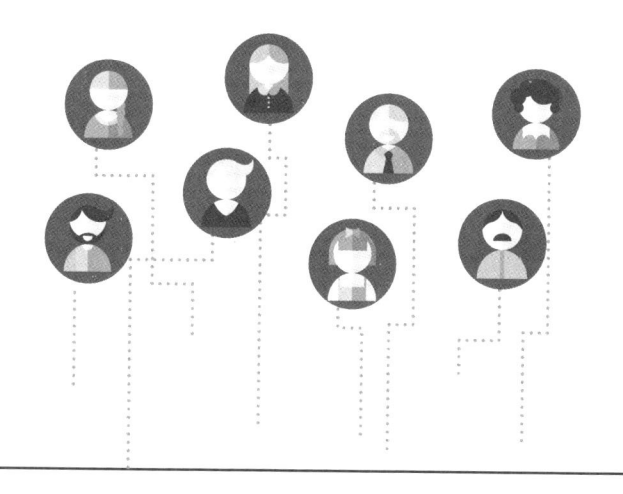

高情商训练的第六大技能：人际交往技能

Part 6

处理不好人际关系，
他人即地狱

人际关系是日常生活的重要组成部分，对情绪有着直接的影响。如果人际关系和谐融洽，你的心情会很舒畅；而每当人际关系出现问题，你的心情也会跟着一落千丈。每个人都需要家人、朋友，需要关心和支持他的人，也需要有能够进行日常交流和一起活动的对象。身处于这样的人际关系网络中，你才能保持健康的情绪。不幸的是，要处理好人际关系是一件相当复杂的事情。想必你听说过这样一句话："他人即地狱。"说的就是人与人之间常常出现分歧、矛盾和冲突，给你带来不尽的烦恼和痛苦。

扎克的故事

扎克12岁那年在学校遭受到了霸凌。他不太肯定那些小霸王为什么会把自己选作欺负的对象，但可以肯定的是，那些霸凌他的孩子行为非常恶劣。从前的朋友都和扎克断了来往，他在学校总是孤零零的，一个人独来独往。他感到非常沮丧和压抑，甚至有时会萌生自杀的念头。

幸运的是，学校的一位辅导老师目睹了扎克的遭遇，也留意到他情绪的日渐消沉。这位老师定期与扎克进行交流，让他知道自己并不孤独。老师还告诉他，如果遇到麻烦，任何时候都可以到办公室来求助。与此同时，老师向扎克的父母亲通报了这件事，在他们的鼓励下，扎克加入了一个专为受欺凌的孩子设立的互助小组。他在这儿交到一些朋友，感到自己被接纳和理解，也再次寻回了一些自信。因为扎克父母的介入，霸凌最后被终止了，但是扎克在学校的日子还是不算好过，因为有些孩子不愿意和他交朋友。尽管如此，扎克知道，自己在校外是有朋友的，他总是满心期待着放学后能与他们一起玩。由于扎克有了那些校外朋友，他才建立起了自己的人际关系网，并顺利考上了大学。如果没有那些朋友，扎克的情况会极其糟糕。

在我们的生命中，几乎所有的东西都围绕着人际关系。好的人际关系让我们感到幸福，不好的人际关系让我们感到痛苦。如果一个人感到孤单，即使再多的财富又有什么用？如果身边一个知心人都没有，再成功又有什么意思？无边的孤独是一个人所能承受的最糟糕的状态。每个人都希望受到他人的认可并成为团体中的一部分。

人际关系很重要，但同时也很脆弱，它能够给我们带来理解、温暖、爱、陪伴和支持，但有时候也会给我们带来误解和伤害，让生活变得支离破碎，无法修复。想要人际关系健康持久，就需要训练人际交往技能。

在人际交往中，没有矛盾时彼此相安无事，你好、我好、大家好，一旦出现冲突，不懂这些技能，就很棘手了。例如，朋友说了一些伤害你的话，如果你忍气吞声，或者仅仅是噘嘴，轻声细语表达自己的感受，对方很可能觉得你只是稍微有点生气，并不清楚你实际上已经很生气了。但是，如果你用大喊大叫来让对方明白你很生气，多半会破坏你与朋友之间的关系。高情商训练课中的人际交往技能，就是致力于在不破坏人际关系的前提下，充分表达自己的诉求和感受，化解冲突，让人际关系变得健康、和谐和长久。

在具体介绍这些技能之前，你有必要先来回答一些问题——

你是不是非常善于向别人表达自己的诉求？

在生活中你有没有可以求助的人？

与人打交道时，你是咄咄逼人，还是唯唯诺诺？

你是不是不知道如何求助？

你是不是认为当别人拒绝你时，就意味着他们不喜欢你？

你是不是不善于拒绝别人的请求？

你是不是对别人的一切要求照单全收，因为你怕得罪他们？

你是不是认为其他人真的没有兴趣帮助你？

你是不是极少帮助朋友或家人？

你是不是认为只要某人拒绝过你一次，这就意味着他们永远不会答应你？

当你说"不"时，你是不是会编一些借口？

当别人拒绝你的请求时，你是不是可以忍受并且接受它？

当其他人拒绝你的时候，你是不是感到很受伤？

想到要向其他人寻求帮助，你是不是很烦恼？

回答这些问题可以帮助你了解自己目前人际交往的状况，是良好，还是有些不太健康。与此同时，你还可以通过下面的练习进一步了解自己人际关系的现状。

练习题37：目前的人际关系状况

人际关系在生活和工作中有着举足轻重的地位。没有它们，你会被孤独和寂寞紧紧包围，痛苦无处倾诉，喜悦无从分享，只有深深的忧伤和孤寂陪伴左右。

下面的问题是按照不同人际关系进行分类的，这些关系满足了人多层次、全方位的人际关系需求。请你想一想自己在这些人际关系中是不是都有交往的对象，把他们的名字写在相应的横线上。你会发现在有些种类下填写的名字有所重叠，那也没关系，只要确保自己尽量考虑得足够深入和细致就可以。你的目的是准确总结出自己的人际关系在哪一方面需要加强和提高。如果书中留出的空白处不够多，也可以另取一张纸进行填写。

家庭后盾

你有亲密无间的家人吗？他们理解你，你可以非常自在地对他们吐露心声。你知道对方是自己坚强的后盾，不论何时都会站出来为自己撑腰。还有一些人，虽然他们不是真正的家人，却让你感到如同家人一般的信任和依赖。

亲密的朋友

你是否有知心好友或是可以依赖的朋友，他们会支持你，无论发生什么事都站在你这一边？他们不一定是你的同龄人，可能比你年长或年幼，但关键在于你知道他们关心你，会帮助和陪伴你渡过所有的难关。

人生楷模

你在生活中是否有非常崇敬的人？你视他为楷模，由衷地尊敬他，而他也用支持和尊重的态度对待你。他可能是你的老师、教练、社区的领袖人物或是通过其他机构认识的人。

日常交往的朋友

你有一些平常能打交道的朋友，不过还算不上死党的级别。跟这些朋友在一起时会玩得很开心，但你并没有把他们纳入无话不谈的好朋友之列。

不健康的人际关系

你是否保持着一些不太健康的人际关系？比如，从前的好朋友现在开始赌博、酗酒、嗑药，或是做一些你不太认可的事情，这叫你感到有些困惑，不知道该怎样对待他。也可能你想尝试与某个人深交，但是对方并没有拿你当回事儿。想想自己的人际关系里是否有这样不太健康，或让自己觉得不满意的地方，把对方的名字写在这里：

现在，观察自己在做这项练习时的状态如何？是感到轻而易举还是相当困难？在填写答案的过程中，你是否感受到了某种情绪？仔细看看自己在每个项目中写下的内容，其中是否透露出自己在人际关系某些方面存在的问题？比如，你与别人的人际互动足够多吗？对自己拥有的人际关系感到满意吗？某一类别的交际对象是否应该更多一点才好？你是不是经常呼朋唤友一起出去玩,却没几个铁哥们儿?你是否发觉有些人际关系不太健康或还有改善的空间,需要多加关注?请你把这些感受写下来:

在接下来的内容里,我们将要学习如何拓宽自己的人际关系,怎样才能在处理人际关系方面做到轻松自如,这一切的目的,都是帮助你搭建起更加健康和令人满意的人际关系网。请你把自己在这项练习中填写的内容牢记在心,想明白自己在这一方面要设立的目标,然后继续往下读。

怎样拓宽你的人际关系

有的人在情绪过于激烈时，会选择把自己封闭起来，逃避所有亲朋好友的关心；有的人则会用不恰当的方式发泄情绪，比如把朋友当成自己的出气筒，导致朋友与他渐行渐远。这两种情况都会带来同一种后果：你变得形单影只，独来独往，成了没朋友的孤家寡人。那么，如果你感觉自己人际交往的范围太过狭窄，可以做些什么加以改善呢？

首先，你可以考虑将从前的一段关系加以修复。也许你与特别亲密的好朋友发生了争执，或许因为某些原因渐渐疏远了对方，现在已经不再来往。如果你认为这段友谊很重要，为它的结束而难过后悔，可以试着主动向对方示好。需要提醒你的是，也许对方没有重修旧好的打算，也许你们之间再也没办法像从前一样亲密无间，但是只要你希望这段友情继续下去，就值得试一试。

第二，可以尝试在已经建立的关系中找出可以进一步发展的，就像下面这个故事中卡洛斯的做法一样。

卡洛斯是一名年轻的网络工程师，平时接触的人不多，社交圈不大，到现在还没有交上女朋友。他认为如果自己想要有更多的机会，就必须扩大朋友圈。该从哪里入手呢？他想到了同事麦克，麦克平时交往很广，如果与他成为朋友，再通过他就能扩大自己的社交圈。他与麦克虽然彼此见面都很客气，不过还算不上朋友。一天中午吃饭时，卡洛斯主动与麦克坐到一起，与他交谈起来，渐渐地，他们由经常一起吃午饭，发展到一起踢足球，一起旅行。通过麦克，卡洛斯结识了一大堆朋友。随着接触面的扩大，以及结识女性机会的增多,卡洛斯很轻松地便找到了自己喜欢的女朋友。

第三,你可以想办法结识一些新朋友。这个点子听起来有些吓人,特别是对于有社交恐惧症的人来说。可是要知道,拥有健康的人际关系是增加积极情绪的好办法,所以这么做还是很有必要的。

练习题38:增加生活中的人际交往

刚才已经介绍了三种拓宽人际关系的方法,而现在这项练习的目的在于帮助你加深理解,并且思考自己还可以做些什么,以提高各种类型的人际关系质量。也许你觉得自己朋友已经够多了,不过朋友总是越多越好,做这个练习不会让你吃亏的!

修复从前的关系

首先,回想自己从前拥有的人际关系,以及因为种种原因不再来往的朋友。把脑海里想到的名字写下来:

———————————————————————————

选择其中一个名字,想一想有什么方法可以和对方取得联系。如果对方与你仍旧在同一个城市,或者你还有他的电话号码,联系起来就很容易;但如果对方搬了家而你不清楚他的新地址,该怎么办呢?把能想到的所有取得联系的方法写下来(比如,在社交网站上向他发送好友申请)。

———————————————————————————

接下来需要考虑的是，如果真的联系上了对方，自己要说些什么？比如，你是否需要对从前发生在你们之间的误会进行澄清？假如从前你生气的时候总是把他当成出气筒，他实在受不了所以才与你断交，那么你可能需要告诉对方，自己已经意识到这个问题，一直在努力改善，而且必须要诚恳道歉。假如你因为过度焦虑而与朋友们断绝了来往，可能需要对这一点做出解释，好让对方明白今后的你不会故态复萌。把要说的话写下来：

———————————————————————————

下一步自然就是保持联系，尝试和对方再次成为朋友。需要提醒你的是，你们之间可能不会和从前一样亲密无间，特别是在刚刚开始重新来往的时候。友谊的建立需要时间，所以要有耐心。

推进目前的人际关系

想一想，在自己的生活中，是否有你想要加深了解的同事？比如像卡洛斯一样，想与其中的一位同事加强联系。你还可以通过参加某项活动，或者做兼职、做志愿者等，发现想要进一步增加了解的人。把想到的名字以及与之相关的想法写下来：

———————————————————————————

怎样做才能进一步发展这段友谊呢？（比如询问同事是否要一起出去休息一会儿？或是在午餐时间与他坐在一起。）

———————————————————————————

想办法认识新朋友

最困难的部分来了：你能想到认识新朋友的方法吗？把自己的想法写在这些范例后的横线上：

参加社交网站上的某个小组　　加入一个公益组织
加入大学新开办的一个俱乐部　　在食物赠济处或动物收容所当志愿者
报名参加一个外语学习班　　参加大学某个体育项目选拔
参加一个读书会

许多人都会害怕离开原来的生活圈子去认识新朋友，不过请你时刻提醒自己，人际关系是生活中不可或缺的一部分。如果你实在是没胆子去认识新朋友，可以尝试找个人陪自己一起行动。说不定你身边会有一个与自己情况类似的朋友，他也有增加人际交往的需要，那么就可以请他一起行动，去结识新朋友。

如果你曾经有过丰富而融洽的人际关系，回想一下那种感觉，也是很有帮助的。想想那个可以与你煲电话粥的人，那个随时都会出来为你撑腰的人，还有那个一通电话就能相约出去玩的人。还记得被一个小圈子接纳的感受吗？人类是社会动物，你在生活中需要与他人进行沟通和交流。所以，虽然很难，但你还是要想方设法地满足这项需求。

到目前为止，
世上最完美的沟通技巧

高情商训练课中的很多技能都可以帮助你建立健康的人际关系，比如，掌握了自我关注的技能，你就能提升自我控制和自我觉察的能力；懂得了有关情绪的知识，如情绪存在的意义和作用，你在处理人际关系时就会表现得更加轻松自如；知道自己何时情绪最脆弱，并训练了安抚情绪的技能，你就不会情绪化地待人接物……这一切对你的人际交往都有着积极的影响。除此之外，为了提升自己的情商，维持并改善自己的人际关系，你还需要学习一些提高沟通效果的技能。

每一种关系都涉及双方，各取所需。当双方都寻求同一种东西，需求和利益一致，例如，都是寻求与朋友一起聊天和娱乐，那么彼此的关系就很容易相处。但是，当你们需求的东西不一样，或者一方需要而另一方又不愿给予时，矛盾和冲突就会产生。

每一段关系都要在"应该做什么"和"你想做什么"之间保持微妙的平衡。如果总是着眼于自己的所需所得，而忽略对方的需求和感受，你很快就会引起别人的反感。如果你过多注重"应该"——应该为对方做什么，应该如何去做，那么这段关系又会像沉重的负担，让你不堪重负，逃之夭夭。所以，即使像在恋爱和婚姻这样亲密的关系中，你也要做到平衡。玛莎·莱恩汉博士说："不管你爱谁，你都不能失去自己。"

要维持一段健康的关系，你必须掌握以下 6 条重要的人际沟通技巧：

1. 清楚地知道自己想要得到什么。

2. 用一种保护而不是破坏这种关系的方式开口索要自己想要的。

3. 当冲突发生后，协商解决双方有冲突的需求。

4. 留意并弄明白对方的需求、顾虑和愿望。

5. 用一种不会破坏关系的方式说"不"。

6. 按照自己的价值观做事。

上面这 6 条技能可以让你的人际沟通焕然一新。但要掌握这 6 条技能，你先要看一看现在自己与别人的沟通顺不顺畅，即对自己目前的人际沟通模式做一个基本的了解。

你是否有过这样的体验？虽然有个朋友总是惹你生气，让你伤心难过，可是你却不敢把实情告诉对方，因为你害怕把自己的感受说出来会让事情变得更糟。你可能出于担心，怕对方生气，和你绝交，所以选择压抑自己的感受，不与他进行沟通；你也可能觉得因为这段友谊遭受这样的痛苦很不值，于是选择终止这段关系。沟通不畅会导致你的人际关系出现很多误会。

人际沟通的模式主要分为以下四种——

消极被动型（唯唯诺诺型）

如果你在人际沟通方面是一个消极被动型的人，往往会压抑自己的情绪，而不是进行表达。采取这种做法一般是出于害怕的心理：害怕自己会伤害他人，害怕对方一气之下和自己断绝来往等诸如此类的想法。

比起因直言不讳给别人留下坏印象，压下自己的情绪不吭声，似乎要更容易一些。这种心态倒是很好理解，因为大多数人都害怕面对矛盾，不想失去朋友。但是被动沟通的结果往往是自己的情感受到伤害，权益也遭到侵害。而且这样的做法暗示着你根本不重视自己的需求，长此以往便会对自身以及这段关系产生负面影响。由于长期屈从于别人，按照别人的方式行事，自己的需求一直得不到满足，你会因此感到挫败、沮丧和恼怒，并心生一股怨气。当怨气积累到一定程度的时候，你会觉得自己再也无法忍受这段关系了，要么怒不可遏，与对方大吵一架，亲自摧毁这段令你痛苦的关系；要么悄悄地逃跑，远远地躲避对方，再也不与对方联系。总而言之，这是一种沟通效率很低的模式。

攻击型（咄咄逼人型）

攻击型的人表达自我的时候容易显得盛气凌人，会摆出想要操控一切的架势，令人难以接近。他们说话时喜欢咆哮、骂人，常常还会扔东西，并且威胁对方。这样的人只关心怎样才能达到自己的目的，丝毫不在意自己的行为会对别人产生什么影响。霸凌者就是一种攻击型的沟通者，他们说话很直接，同时还充满了压迫感并具有攻击性。以这种方式进行沟通的人，通常会让别人感觉压抑，受人怨恨，甚至叫人望而生畏。攻击型的人也许能达到自己的目的，不过却是以妨碍他人为代价。

攻击型的沟通模式通常有两个来源，第一个是强烈的对错感，认为事情应该怎样就是怎样，当别人的行事方式违背他们的意愿时，他们就会暴跳如雷；第二个来源是希望能够控制整个人际交往活动，当人际交往没有按照自己期望的方式发展的时候，他们就会感到生气和愤怒。

但是，用这种模式进行沟通的人，自己也会付出代价，因为他们往往会因为自己的所作所为感到内疚和惭愧。尤其重要的是，攻击型的沟通方式丝毫不懂得尊重他人，吹毛求疵，叫人难以忍耐，可能导致他们失去非常重要的朋友。

被动攻击型

被动攻击型的人通常不会直接表达自己的看法，原因也是出于害怕，比如，害怕发生冲突，害怕对方的反应，等等。被动攻击型的人会用比较隐蔽的方式表达情绪：冷嘲热讽、不吭声、摔门而出之类的。人们常常把这种人称为"蔫坏"。如果你是被动攻击型的沟通者，用不着说话就能让别人理解你的意思，但是这样的沟通方式对于人际关系也有很大的破坏性。被动攻击型的人传达信息的方式常常拐弯抹角和模棱两可——嘴里这样说，表达的意思却正好完全相反。比如，当朋友没有选择你想看的电影，你嘴上可能会说"没关系啦"，但整个晚上都会因此而对对方不理不睬。又比如，你对伴侣有意见不会直接提出来，而是会以性冷淡的方式拐弯抹角地表达。

自主型

自主型的沟通模式是最健康、效率最高的。如果你是自主型沟通者，那就意味着你是用一种清晰、诚恳而且恰当的方式表达自己的想法、感受和意见。你既尊重别人，也懂得自尊。你在考虑自己需求的同时，也会将心比心，把别人的需求考虑在内。自主型的人还会倾听他人的意见，进行协商，人们通常愿意与这样的人交往合作，而他们自己也能在交往过程中获得好处。当你用自主型的模式与别人沟通时，对方会感觉受到了尊重和重视，自然也会用同样的方式对待你。

到目前为止，自主型沟通是世界上最完美的沟通技能。

自信的人一般都会用自主型的沟通模式。如果你是一个高自尊的人，便会认可自己有表达信念和感受的权利。反过来亦然：通过自主型沟通也能够提高你的自信程度。自主型沟通会让你与别人的沟通交流获得很好的效果，提升总体人际关系的质量，同样也会让你变得更加自信。

请记住，改变沟通模式不是一朝一夕的事，需要你花费时间进行训练。所以，如果你现在还不是自主型沟通模式，千万不要奢望自己一夜之间就发生天翻地覆的转变。

练习题39：确定自己的沟通模式

想要改变某种模式之前，首先需要确认自己习惯使用的是哪一种。下面列出了一些陈述，你可以依据它们判断自己惯用的沟通模式。你可能会看到自己的行为有时与下面的某些描述是相符的，请在相符的句子前面打钩，打钩最多的，可能就是你常用的沟通模式了。

消极被动型

我总是逃避自己的感受，而不是直接进行表达。

我担心表达自己的感受会让别人生气，而且对方可能因此而讨厌我。

我发现自己常常说"我不在意"或"我没关系"，虽然实际上我很在意，而且感觉关系重大。

我尽力不当"捣乱分子"，不希望让人家觉得我很烦，所以总是保持安静。

我不愿意显得与众不同，所以常常随大流。

攻击型

我与人沟通时总是显得很嚣张，比如会大喊大叫啦、骂人啦之类的。

朋友们都很怕我。

我只考虑怎样满足自己的需求，从不关心对别人会有什么影响。

只要自己的需求得到了满足，我可不关心别人有什么需求。

我常听人家说我是个"颐指气使"的人。

被动攻击型

在跟别人谈话时我总是冷嘲热讽。

生气的时候我常常不理人。

我发现自己嘴里说一套，心里想的却是另外一套。

我一般不愿意用语言表达情绪，而是用一些显得咄咄逼人的行为，比如摔门而出。

我害怕直接表达自己的看法会叫别人生气，担心对方因此而讨厌我，所以我总是用隐蔽的方式表达自己的意愿。

自主型

我相信我有权利表达自己的观点和情绪。

与别人产生分歧时，我会清楚明白，并且诚恳地表达自己的意见和情绪。

与别人沟通时，我会用尊重的态度对待对方，同时也这样对待自己。

我仔细倾听别人的观点，让对方明白我正在努力理解他们的立场。

当与别人有着不同的目标时，我会尽量进行协商，而不是仅仅关注自己的需求是否得到满足。

看一眼自己在各个项目中打钩的数量，也许你会发现自己一般只使用其中一种沟通模式，也可能发现自己根据不同的情境和沟通对象使用过以上这几种模式。

　　只有先理清自己的沟通模式，才能努力朝自主型沟通模式的方向前进。也许你在沟通时已经表现得非常自信，那也不妨花些时间了解一下下面介绍的这项技能，以便将这种自主型的沟通模式继续保持下去。要知道，想要在生活中时时刻刻对每个人都用自主型模式进行交流，并不是容易办到的事情。

第 26 课

高情商的人
懂得如何说话

沟通最重要的技巧在于说话，而当双方发生分歧和矛盾的时候，如何说话就显得尤其重要了。这时，你一方面要尽可能表达自己的感受和需求；另一方面又不能得罪对方，还要努力让对方理解和接受。很多人不敢表达自己的感受和需求，一味服从对方，也有些人在表达感受和需求时缺乏技巧，让矛盾激化，最终不可收拾。

请看下面这些话——

"你快把我逼疯了，我真想大喊大叫！"
"你太让我生气了，我简直不想再理你了！"
"你为什么要故意那样做来伤害我呢？！"
……

这样说话不仅不利于沟通和交流，还会扩大矛盾，把人际关系搞僵。不知道你注意到了没有，这些话都有一个共同之处，它们都表达了某种情绪，比如气愤、失望或沮丧。但更重要的是，每句话都是以"你"字开头，带有强烈的指责和批评味道。任何人听了这些话之后，都会感到很不舒服，还可能用相同的话回敬你，从而导致更大的分歧和争执。

那么，究竟应该怎样说话呢？

一个简单的技巧就是把开头的"你"字，换成"我"字。换成"我"之后，你就更容易关注自己，准确描述出自己的感受，并以不带评判的口吻表达出来，这样更能唤起对方的共情能力，得到他们的同情和理解。比如，当你想说"你快把我逼疯了，我真想大喊大叫"的时候，可以换成这样"现在，我感觉快疯了，真想大喊大叫"。仔细想想，这两句话之间的区别，后一句比前一句少了很多评判和指责的味道。当你想说"你太让我生气了，我简直不想再理你了"的时候，可以换成这样"我感到很生气，也很无助，我想安静地待一会儿"，这两句话虽然表达了同样的情绪，但是后一句话对方却不会觉得自己受到了责备，自然也愿意倾听。当你想说"你为什么要故意那样做来伤害我"的时候，可以换成这样"我感到很受伤，你那样做"，相同的意思，前一句听后会让人生气，后一句则更容易让人接受。

这种容易让人接受的说话技巧来源于自主型沟通模式，对你的人际关系大有裨益。但是怎样才能做到这一点呢？下面的原则可以供你参考。

为了进行自主型沟通，你要做的第一件事就是确定自己在一定的情境下想要的是什么。一旦明确了自己想要的结果，就把自己想说的话以诚恳的态度清楚明确地说出来。比如，如果你因为某人的行为感到受伤或愤怒，就要明确地把这件事告诉对方，并且说清楚你对此的感觉。在说话的时候有个小诀窍，即尽量把表达感受的部分说在前面，比如"我很难过，听到你这么说"就比"你这么说让我很难过"要好。虽然表面看来两者没什么区别，但第一种说法表达的意思是，你会为自己的情绪负责；第二种却有把自己的负面情绪归咎给对方的意味。

每个人都要为自己的情绪负责，这一点非常重要，请你牢记在心。既然不希望别人把产生坏情绪的原因归咎给我们，我们同样也不能因为自己的情绪而埋怨别人。读一读下面这个故事，相信你对这一点能够理解得更加清楚。

玛格丽特的故事

放春假了，玛格丽特从大学回到了家里。她打算只在家里小住一段时间，然后尽量多拜访那些不常见面的亲戚朋友。她与姐姐和姐姐的家人一起住了几天，说好在回学校之前再回到这儿来住两天。可是，随着返校的日子越来越近，玛格丽特还有好几位朋友没能拜访，所以她打算不再去姐姐家住了。

她给姐姐发了一封电子邮件，解释了自己的决定。随后姐姐回复了一封邮件，诉说自己听到这个消息后有多么难过和失望，还说玛格丽特的侄子和侄女们也很失望，因为他们知道又要过很久才能见到玛格丽特阿姨了。

在上面的故事中，如果玛格丽特改变决定，姐姐的心情可能会变好，但自己想拜访朋友的愿望却受到了压制；如果她去拜访朋友，一想到难过的姐姐和可爱的侄子侄女们，自己又会心生愧疚，玩得也不开心。这个时候，就需要玛格丽特施展完美的自主型沟通技巧了。

首先，玛格丽特应该明白，尽管因自己改变决定才导致姐姐感到难过和失望，但姐姐产生这些感受并不是玛格丽特的错，她没有责任为了让姐姐心情变好而取消自己的计划，每个人都应该为自己的情绪负责。

其次，玛格丽特应该诚恳地把自己的感受和想法向姐姐表达出来，争取获得她的理解。在这里，她既要避免唯唯诺诺型的沟通模式，这种沟通模式的缺陷是，忽略自己的需求，尽力去满足他人的需求和感受，当发生冲突时，倾向于妥协，让事情按照别人希望的方式发展。同时也要避免咄咄逼人型的沟通模式，漠视姐姐的感受，甚至在心里指责姐姐太自私，只顾她自己，丝毫不考虑别人的感受。

她可以通过自主型沟通模式，表现得更加善解人意，再给姐姐发一封电子邮件，一方面对姐姐的感受表示理解，对自己改变决定表示歉意；另一方面也要把自己的想法和感受尽量真实坦诚地表达出来。唯有这样良好的沟通，才能建立和维护健康的人际关系。

　　在与人沟通时，唯唯诺诺太软，容易伤自己；咄咄逼人太硬，容易伤别人。完美的自主型沟通技巧不软也不硬，刚好能清楚表达自己的感受和想法，不伤自己，也不伤害别人。

　　完美的自主型沟通技巧离不开一个果断自信的陈述，这个陈述包括四个部分——

　　1."我认为"。这部分是你对事情的看法，并不一定要用"我认为"这三个字，但一定要做到直截了当，不带感情色彩，纯粹陈述事实，不要对别人的动机妄加评论和猜测，不要带有攻击性。例如，对玛格丽特来说，"我认为"可以这样来表述："我突然改变决定的消息令姐姐你很难过。"

　　2."我感觉"。这部分简单描述由事实引发的情绪，也不一定要用"我感觉"这三个字，但要做到简短而不带贬义，把自己的感受表达出来。由于描述的是自己的感受，所以最适合用"我"字开头。例如，玛格丽特可以说："我也感到很遗憾。"如果用"你"字开头，不仅不好掌握，还容易带上指责和批评的味道。指责和批评的话常常用"你"字开头，例如，"你伤害了我""你对我的事一点也不关心""你在坏我的事"，等等。

　　3."我想"。这一部分尤其重要，前面两部分都是为这一部分打基础，因为你要在这部分把自己的需求彻底想清楚，并果断地将它们表达出来，不藏着掖着，不犹犹豫豫，也不咄咄逼人。这里有一些原则需要遵守：

　　·要求别人在行动上，而不是态度上去改变。你不能指望别人因为你的好恶而改变他们的判断和感受。例如,"我知道你很生气,但是你必须回到家中去",这样的要求是别人可以做到的。如果你的要求是"你不要生气""你不要伤心",恐怕别人就难以做到了。情绪往往不是人能控制的,但是你可以要求别人做出行为上的改变。

·每次要求别人改一点。不要要求别人一次改完,那会让人感到压力。

·只要求现在能够改变的。如果你说:"希望你下次别这样了!"这样的要求苍白无力,当"下次"到了的时候,他早就把你的要求忘得干干净净了。

·你的要求应该明确而具体。明确说出自己的想法,以及期望别人做出什么样的新举动。像"乖一点"这样的要求太含糊,不能表达自己的任何思想,别人也不明白它的准确含义,就不知道如何行事。

例如,玛格丽特可以这样表达自己的诉求:"姐姐说自己和孩子们感到'失望'令我很愧疚,请姐姐不要再这样说了。我想暑假回家后,还会在姐姐家住几天,想到与你和孩子们相处愉快的日子,我很期待。"在玛格丽特这段"我想"中,她十分明确地提出了自己的要求——这次不再去姐姐家了;其次,虽然她无法要求姐姐停止产生"失望"的情绪,却可以要求姐姐不要再使用"失望"这样的词汇,理由很充分,这些话会伤害她,让她感到愧疚,而且这样的要求也是姐姐能够做到的。

4."自助解决"。很多时候,光向别人提要求不够,还需要加上一点点激将法。这就是"自助解决"。当然,在玛格丽特的例子中,还用不到"自助解决"这种技巧,但是在其他时间和场合,"自助解决"却很必要,它可以起到催化剂的作用。例如——

"如果你不能帮助我做清洁,我就雇一个保姆。"

"如果你不来接我,我就自己打车去!"

"自助解决"不等于威胁和惩罚别人,而在于向别人传递一种信息:我不是孤立无援的,我会自己设法解决问题。

比如,在员工要求加薪时,就可以采取这个办法。很多员工在要求加薪的时候,被老板炒了鱿鱼,一个重要的原因是不善于沟通。如果用完美的自主型沟通技巧,你可以这样提出要求:

我认为:物价上涨了3年,其涨幅已经超过了30%。

我感觉:我感觉自己受到了冷遇,因为公司运转良好而我却没有得到实惠。

我想:我想只有收入增加30%,我才能适应通货膨胀。

自助解决:如果这儿无法解决,我只有另谋出路,才能养家糊口。

这样提出要求合情合理,如果老板不接受,他自己就显得不通情达理了。退一万步,即使你的老板很固执,不接受你的要求,也不会破坏你与老板的关系,如果有一天你真的离开公司,他也无话可说。

高情商不仅会说，
还要会听

高情商的人不仅会说，更懂得如何倾听。

西班牙有句谚语："两个雄辩之人不会并肩走得太远。"为什么呢？因为他们都太能说，并不一定会听。

每个人都想被倾听，感到被理解，被接纳，被关爱。当你感到别人在真正倾听你的时候，你的恐惧和敌意就会逐渐消失，这就为人际关系中更多的联系和共情铺平了道路。

大家都知道良好的沟通是双方的，但是很多人却不知道倾听是一个主动而不是被动的过程，它承担着真正理解对方的责任。如果你在倾听过程中不能真正理解对方的感受和愿望，可以直接问他："我不确定你对此事的感觉，你能再解释一下吗？"或者"你觉得在这种情况下，我们该做何种改变？"

你的问题越主动，了解得越多，就越有能力找到双赢的解决办法和折中方案。高情商的人在倾听时常常会这样提出问题：

"照你看来，问题的关键在哪里呢？"

"你怎么理解目前这种状况？你认为会有什么事情发生？"

主动的倾听很有价值，例如，琳达是一家公司研发部门的技术人员，她新开发了一个产品，但是一个同事却对她的产品很有意见，在沟通过程中，琳达运用上了主动倾听的技巧，问他："照你看来，你觉得哪儿需要改进呢?"通过这样的倾听,琳达得到了大量有用的信息。

倾听有很多阻碍,下面是常见的几种。你可以对照一下,但不要对自己进行评价。

胡乱猜测。你没问,就想当然认为洞察了别人的心思。
自说自话。只想自己一吐为快,不听对方说什么。
有选择倾听。只听重要的,或者与自己有关的东西,其他一概不理。
妄加评论。喜欢评论别人的话,而不去理解别人的出发点。
心不在焉。在与别人交谈时,心思却跑到另外的事情上去了。
缺乏耐心。只想得到建议和临时的解决办法,而不懂得倾听和理解。
争强好胜。用争吵来贬低别人。
自以为是。对别人指出的需要自己改正的错误,一概拒绝不理。
岔开话题。一听到讨厌的,或者自己忌讳的谈话就使劲儿转移话题。
假意逢迎。没等真正搞清楚对方的感受和用意,就连连称是。

倾听需要暂时放下自己,把注意力全部集中在沟通上面,装装样子的倾听不会给你带来任何好处。下面是倾听要注意的几条。

专注地倾听

请记住,完美的自主型沟通技巧并非只关注自己的需求,还要同时考虑到别人的需求,尽量谋求一个皆大欢喜的结果。为了做到这一点,就必须了解对方从你们的来往中希望得到的是什么。所以在交谈的时候,要专注地聆听,确保自己手头上没有同时忙着别的事情,比如给手机里的某个联系人发消息或是看着窗外什么的,那样会让别人感觉你没有专心在听,并不在乎他说的是什么。所以,要专注地听,全神贯注地听,并且一旦发现自己走神，就要把注意力重新集中到当下来。

不加评判

前面，我们学习了不加评判对于缓解痛苦情绪的重要性。这项技能在沟通方面同样大有用处。被别人评判的个中滋味你心里很清楚，所以，希望别人用什么态度对待自己，自己就应该以同样的态度对待对方。不责备，不评判——只要说出事实和自己对情境的感受即可。

认可对方

你还记得吗？前面，我们了解了自我认可的技能，学习了什么叫"自我认可"，以及它为什么能帮助我们缓解情绪上的痛苦。如果要进行完美有效的沟通，认可对方也是一个不错的方法。听到对方的话及时给出反应，让对方知道你不仅在听，而且能理解他所说的内容。

必要的时候还可以提问，把事情了解得更加清楚明白。要让对方知道，他们倾诉的内容对于你来说很重要，很有道理，哪怕你并不赞同也没关系。每个人都曾经在某时某刻被别人认可过，所以我们知道这种感觉，那是一种受到关注并且被人懂得的感觉。用这样的态度对待朋友能够让你们的友情成长得更加坚固。

不违背自己的价值观和道德标准

玛莎·莱恩汉说，在坚持自己的主张时，需要明确自己的价值观和道德标准，并且遵守它们做事，这一点很重要。假如你答应别人的要求做了一件事，但是却违背自己所信奉的原则，那种感觉将会非常糟糕。比如，一个朋友告诉你，这个周末她要去参加一个聚会，打算对她丈夫谎称说会在你家过夜，如果她的丈夫打电话到你家来找她，你需要配合她撒谎。如果你认为这件事不符合自己的道德标准，可是却答应了下来，最后的结果，你很可能对自己的行为感到后悔，甚至对这段友谊也产生出糟糕的感觉。

还有一个很重要的原则，就是不找借口。被要求做一件自己实在不愿意去做的事情时，你是否会在冲动之下找个借口？其实，直接说"不"，并且如实说出理由是完全没问题的——哪怕理由就是因为你不愿意！如果你能够以自主型沟通的模式，直截了当地告诉对方自己不想做这件事，对于自尊的提升将很有帮助。当然，有时候为了避免伤感情，你也不需要百分之百地诚实。对朋友说你不想对她的丈夫撒谎是一回事，对她说你之所以不想去她家，是因为她家太偏僻，那又是另外一回事了！如果说出实情会叫对方难过，那么撒点儿善意的谎言也无伤大雅。可是请注意，这样的谎言不要太过频繁，也不能伤了你自己的自尊。

不要过度道歉

关于自尊心，最后再提一点：不要过于频繁地说"对不起"。我们常常会因为一些不是自己犯下的过错而急着道歉。说"对不起"意味着你在为这件事情负责，意味着你打算承受责备，这不仅会让你本人觉得自己真的做错了什么，也会给别人留下这样的印象。长此以往，为别人犯下的过错承担后果的感觉便会侵蚀我们的自尊心。所以，只在真的做了需要道歉的事情之后进行道歉就可以了。

练习题40：总结自主型沟通技能的使用情况

学习了一些使用自主型模式进行沟通的技能之后，该花点儿时间想一想自己曾经使用了哪些技能，在哪些方面还有待改进。下面我把刚才谈到的几项技能一一列出，请你在横线上填写自己使用每种技能的情况，比如，你是否经常使用这项技能？你是否很清楚自己在哪些情况、和哪些人相处时使用这种技能会比较困难？

明确自己的需求。你是否清晰而诚恳地表达了自己的意见和情绪？

_____

专注地倾听。你是否坐在谈话对象的身旁，专注地听对方说话？

_____

不加评判。你是否尽量不对对方进行评判和责备，只是说出事实和自己的感受？

_____

认可对方。你是否对别人所说的内容做出回应，并且进行提问，以确保自己完全听懂？

_____

不违背自己的价值观和道德标准。你是否对有违自己价值观和道德标准的要求说"不"？你是否尽量诚实待人，不找任何借口？

_____

不要过度道歉。你是否发现自己经常为不该由自己负责的错误而道歉？

_____

人际关系平衡术

说话是一门艺术，平衡也是一门艺术。

所有的人际交往都需要在付出和获得之间寻求平衡。你已经在怎样进行沟通、如何提高沟通技巧上费了不少心思，现在就来看看下面这一点，也是非常重要的一点：人际关系平衡术。

要平衡人际关系，需要你学会说"不"。

人际交往的问题常常出现在两个时候：一个是当你请求别人帮忙时，另一个是你拒绝别人的请求时。

请求别人帮忙很难，拒绝别人的请求同样很难。

如何说"不"是一门艺术，也是完美沟通最关键的部分，没有它，任何关系都是危险的——如同驾驶只有油门没有刹车的轿车，你无法控制别人对你的行为，也无法让人际关系获得平衡。

说"不"既简单又困难。话不多，但说出来需要勇气。

完美地说"不"需要两个步骤：

1. 表示理解对方的需求和愿望。
2. 明确表示你不赞成这么做。

例如，"我知道这部电影的确好看，但是我今天晚上只想在家里安静一下。""我知道你为什么这么做，但我还是喜欢那样。""我知道法国美食很诱人，但是我只想去吃中国菜。"

在说"不"时，语言要婉转，态度要坚决。不要从你的角度做过多的解释，不要争辩，只需要赞成或者否定。重要的是，不要给对方留下口实来反对你，你只需要记住这一点就行：谁会和一个人的偏爱、感觉来争辩呢？

如何应对阻力和冲突

如果你说的话，别人不听怎么办呢？这时，你可以运用四个处理冲突的技巧。

彼此认同
软磨硬泡
话留三分
果断推延

彼此认同

当别人不听你的话时，最通常的原因是觉得你的话没有意思，他们会不断抛出自己的观点和主张。你可以采取彼此包容的方式使问题简单化。包容不是完全赞同对方，它意味着你理解了对方的需求、感受和动机，明白了对方的思维方式和感受。所以，彼此认同，是指你承认和理解对方的体验，知道他们的出发点，同时你也认可自己的感受。例如，马克去修理汽车，修理工多换了一个部件，双方发生了矛盾，马克是这样来解决的："我理解你是为了汽车美观才换了那个部件，我非常感谢。但就我而言，我手头很紧，无法支付修理费。实际上，只要车子能开就行，美观不是我目前最关心的事情。"

软磨硬泡

在别人没有听你的话时，你可以运用这个技巧，就你的想法做一个简短、具体、易懂的陈述，最好就一句话，例如"我就是喜欢那样"。不用找借口，不用解释，不要争吵，不要动怒，不要辩论和反驳别人的话，也不要回答别人任何的"为什么"，因为那样只会给别人提供攻击你的口实。你也不要给自己那句话提供新的证据支持，只需要反复重复那句话，就像一张老唱片，礼貌地、优雅地、清楚地重复你的陈述。例如，邻居比尔家的树延伸到艾瑞克家的屋顶，艾瑞克请求比尔处理，比尔没听。于是艾瑞克采取了软磨硬泡的技巧。

艾瑞克：你家树上的大枝丫伸到我屋顶上了，我担心下次暴雨来临的时候会把它刮倒，压到我的房子上，我希望你找个人把它砍掉。

比尔：它都好多年了，我觉得你不用担心。

艾瑞克：我认为那个枝丫是个潜在的危险，我希望你处理掉。

比尔：别紧张，再等十几年它都不会掉下来。

艾瑞克：它就悬在我的屋顶上，我很担心，我要求你在它掉下来之前把它清理掉。

比尔：你为什么对此突然变得这么紧张呢？

艾瑞克：那个大枝丫就悬在我的屋顶，比尔，你应该把它清理掉。

话留三分

这个技巧能让你"部分同意"对方的意见，而不是全部接受或者反对他的话。这样能够使人心平气和，停止争吵。重要的是，你要找到对方话语中能够接受的部分，然后承认他在这一点上是正确的，不要管其他的争论。例如：

他方：你总是为一点小事就发脾气。
我方：没错，我有时也发现自己容易被激怒。

他方：当我需要你的时候，你从不支持我。
我方：没错，有好多次，你提的要求，我都不能完全支持你。

仔细品味，话留三分这种技巧其实是以退为进，抵消了对方的观点，这样一来，便开启了协商的大门。

果断推延

这个技巧可以用来缓冲矛盾，特别是在事态激烈的情况下。如果对方常常催促你做出决定，或者同意一项计划，果断推延技巧可以让你有喘息的机会。利用这段时间，冷静下来，好好想一想，做出一个恰当的回应。

果断推延的话常常是这样的："你对我讲了很多，我需要用时间整理个头绪。"或者"给我一个小时，这很重要，我想在表态前再仔细考虑一下。"

怎样协商

在人际交往中，当你与别人发生冲突时，需要协商。协商的出发点应该是双方的需求都合理。有四个原则可以指导你。

思想放松。冷静对待冲突，最好开口前做一个深呼吸，用呼气缓解你紧张的神经。

避免反感。不要不由自主表现出反感和厌恶的情绪，出言要谨慎。

理解对方的需求。争取一个公平、双赢的结果，让双方的需求都得到部分的满足。

中性的语调。语调中不要带怒气和轻蔑。

如果遵循这四个原则，就可以开始协商了。一开始，可以轮流提出自己的解决方案，确保你的建议至少部分体现了对方的需求。例如，你与朋友一道出去旅行，你坚持要坐火车，而朋友则坚持坐飞机。协商的结果可以这样：去的时候坐飞机，回来的时候坐火车。

爱好与责任的平衡

平衡能够给你带来快乐和幸福。在人际关系平衡术中，还需要你做到爱好和责任的平衡。

做自己喜欢的事情能让你感到放松和快乐，但是还有一些你不喜欢的事情也必须去做，这是你的责任。比如，学习、做家务、白天黑夜地工作等，即使你不喜欢，也要努力去做。不学习，你就得不到工作；不努力工作，你就无法养家糊口。与此同时，你需要担负责任，这样才能感到自己被需要，感到生活得充实。虽然我们常常对责任有所抱怨，但没有了它们你的生活是不完满的。

有的时候，一件事情可以既是爱好又是责任。比如上学就是一种责任。法律规定你必须上学，父母也坚持认为你得每天按时上学。但是另一方面，你也可能真的喜欢学校，或者梦想当一名飞行员，所以喜欢上大学，喜欢学习。如果是这样，上学也就成为了你的一个爱好。还有一个很典型的例子就是遛狗。遛狗是养狗之人的一项责任，但是如果你本来就很享受和狗狗在一起，它同样也是一项爱好。人际关系平衡术需要你在自己喜欢做的事和责任之间取得一个平衡，而健康的生活便是由这许许多多的平衡组成的。

当你的爱好与别人加诸于你身上的需求发生矛盾的时候，人际交往便会出现问题。比如，妻子告诉丈夫她周日与闺蜜约好去逛商场，希望丈夫在家照顾一天孩子，但是丈夫周日也答应朋友去参加他的生日聚会。这个矛盾是一个运用自主沟通技能的绝佳时机。彼此嚷嚷是没有用的，一方忍辱负重地点头答应也不行，双方应该诚恳地坐下来商量，努力找到一个能够让大家都满意的解决方案。

练习题41：自主型沟通技能的运用

了解了这么多沟通技能，该是考虑如何学以致用的时候了。请你回想一件可以运用这些技能的往事，比如自己喜欢做的事与别人期待你做的事相冲突的经历。请把这件事的细节写下来，比如牵涉到的人都有谁，引起冲突的问题是什么？

事情发生的当时，你说了些什么，结果如何？

想一想，如果要获得一个让自己和对方都更加满意的结果，应该怎样改进自己表达的内容？

预想一个即将发生的情境，比如有人要求你做你并不想做的事，或者好不容易有一场同学聚会，可是还没问上司准不准假。把设想的情境写下来：

_____

如果运用自主型沟通技能进行处理，你可以怎么做？

_____

真正完成这次谈话后，请你再次翻开这一页，把自己的真实表现记录下来。你是否做到了自主沟通？结果怎么样？事情的结果如你所愿吗？是否还有别的方法，可以获得更加理想的结果？

_____

自我评估

从本书开篇讲到这里，我们已经学习了许多帮助自己减少情绪负担和有效管理情绪的技能。可能你已经在生活中努力地练习和运用了这些技能，并且已经看到了一些变化——哪怕是非常微小的变化，那也是不错的迹象。只要继续练习，假以时日，你一定会看到更加明显的改善和提高。

在最后这节课里，我们会快速回顾一下到目前为止已经掌握的技能，思考自己继续努力的方向，并将再介绍一项能够帮助你达成目标的技能。

练习题42：自我评估

现在请你花几分钟对本书开始的自我评估内容再评估一次，看一看学习了这么多技能之后，自己是否有所改变。

你是不是常常不假思索地说话、做事，随后又为自己的言行感到后悔？

你是不是喜欢对事情做出评判，认为"这件事不应该""那件事不公平""这样做不正确"……然后对身边发生的事情耿耿于怀？

你是不是对过去的痛苦经历念念不忘，对未来的事情忧心忡忡？

就人际关系而言，你是不是觉得自己在付出和索取之间没有取得平衡？

你是不是常常觉得自己在人际关系中付出太多？或者占了便宜？

当一段关系不太融洽时，你是倾向于直接结束它，还是尝试进行修复？

你是不是经常觉得自己还没做好心理准备，对方就已经断绝和你来往？

你是不是在与别人沟通时容易处于被动状态，比如，你从不为自己说话，总是附和别人？

你是不是在与别人沟通时争强好胜，比如，强迫别人接受你的看法？

你是不是常常与某些人建立起不健康的人际关系，比如瘾君子、酒鬼、赌徒、与警察纠缠不休的混混、家庭关系不和的人，甚至是对你不善或欺负你的人？

把这一次的评估结果和第一次的进行对比，你发现其中有变化吗？你是否已经开始朝着自己设定的目标前进了？你的情商是不是有所提高？下面有三种情况，你可以根据自己的情况标注一下。

情商没有变化。

情商有一些提高。

情商有很大提高。

把自己留意到的所有与变化有关的事记录下来：

_____

_____

还有一种情况，那就是你认为自己并没有任何变化。如果是这样的话，你产生这种想法的原因是什么？在运用这些技能时，你是否遇到了什么阻碍？把你的想法写下来：

_____

请仔细考虑一下，自己是否有什么地方做得不对，所以才没有得到改善和提高。比如，也许你需要把这本书再读一遍，这一次读得慢一点，边读边投入更多的精力练习这些技能。阅读这类书籍的时候，如果只是走马观花，对其中的练习不够投入，便无法吸收到有用的信息，并将这些技能嵌入到自己的生活里。而且，匆匆浏览一遍之后，你可能感到其中列出的技能太多，无所适从。请你一步一个脚印踏实地往前走，哪怕为了练习其中一项技能要花上两三个月的时间也没关系。当你真正吸收了有用的知识，在生活中做出健康有益的变化之后，你会认识到这些努力是完全值得的。

还有就是你应该选择在比较空闲的时间阅读这本书，这样才能集中精力学习其中的精华，而不用担心因为兼顾两头而被累垮。最根本的原则在于，为了学会这些技能并且把它们运用在自己的日常生活中，你要尽自己最大的努力。请你用心考虑，为了达到自己的目标，还应该做些什么，把自己的想法记录下来。下面给出了一些范例，希望对你能有所启发——

我要把这本书重看一遍，从第一页开始；我要认真考虑，设定好自己的目标，把它们写下来，集中学习和练习那些对实现目标最有帮助的技能。

为了提醒自己不要忘记书中的技能，我可以设置一些提示物（比如把提醒的话写在便利贴上或者记录在手机里）。

我要与父母、妻子（丈夫）、同事或者朋友分享正在努力学习的技能，请他们和我一同读这本书，一同讨论这项技能，请他们提醒我不要忘记勤加练习。

保持开放的心态

还有一个阻碍你做出改变的原因,就是你将一切改变的可能性拒之门外。大家应该都有过类似的体验,明知道自己做了某件事就能管用,但就是嫌麻烦,懒得去做。你可能会这样想:这事儿好像需要投入不少精力,费不少脑子,我哪有那么多的时间,我累得快不行了,还有好多别的事要忙,说不定这件事拖一拖就会主动消失。可是,问题不会自动消失,只会越变越糟。

将改善问题的可能性拒之门外,这就叫作"顽固任性"。你没有选择努力改变,而是把自己隔绝起来,与你的朋友、家人、所有的可能性和变化,甚至全世界隔离开来。你断开了所有的连接。

任性意味着放弃,意味着袖手旁观,听天由命,无所作为。

而"乐于改变"则与"顽固任性"刚好相反。前者是对一切可能性和变化敞开大门,意味着你敞开胸怀,说"好的,让我来试一试",意味着你打算尽自己最大的努力,就像是在对整个宇宙说:"好的,我来了!"

"顽固任性"是拒绝敞开心扉,拒绝改变。玛莎·莱恩汉博士用扑克牌打了个比方,她说我们在打扑克牌的时候必须用手里发到的牌来博弈。任性的人拒绝出牌,只会说"算了吧,我不玩了",或是"那又怎么样?我无所谓"。乐于改变的人则恰恰相反,无论如何他都会继续游戏,哪怕抓了一手的烂牌,也要竭尽全力打得漂亮。

如何面对自己的顽固任性

那么,当你觉得自己处于顽固任性的状态时,该怎么办呢?也就是说,当你封闭自我,不愿意尝试任何改变的时候,该如何是好?只要承认它,接受它,觉察到它即可。你可以对自己说:"稍等一会儿,我看我眼下有点顽固不化。"然后尽自己最大的努力朝着乐于改变的态度转变。拿出这本书，在其中找一个能够帮助自己的技能。如果你正面对一次情绪危机，就把拟好的"情绪危机应对方案"拿出来，按照预定的方法，安然度过这次危机。

练习题43：顽固任性的自己和乐于改变的自己

通过之前的学习，你已经发现，在对事情没有获得清楚的认识之前，你是无法做出任何改变的。这项练习的目的就是帮助你认识自己在顽固任性和乐于改变两种状态下的想法、感受和行为。

当我顽固任性的时候

想一想当自己顽固任性时是什么样的感受，然后填写在下面的横线上。如果暂时想不起来，也可以等切身体验过之后再来做这项练习。

当时的你有什么样的想法？

_____（请记住，这种心态下一般只会想到放弃，不做任何尝。）

当时的你有什么样的感受？

_____（提示：一般是负面感受，比如愤怒、挫败和失意，等等。）

当时的你又是怎样行动的呢？

_____（典型的行为包括朝别人大喊大叫；以自杀做威胁；滥用药物、过度饮酒，或其他种种逃避现实的做法；或是用某种方式伤害自己。）

当我乐于改变的时候

现在，想想当自己乐于改变时是什么样的感受，也就是虽然面临着困难，却依然努力争取时的感受，然后填写在下面的横线上。

当时的你有什么样的想法？

_____（这种心态下的想法一般是给予自己鼓励与肯定，类似于"的确很艰难，但我一定会拼到底的"。）

当时的你有什么样的感受？

_____（提示：痛苦可能仍然存在，但同时还会感觉到充满希望，为自己在如此艰难的情况下仍然不放弃努力而感到骄傲。）

当时的你又是怎样行动的呢？

_____（可能是一些正确而行之有效的行为，比如向别人求助，或运用自己所学的技能进行应对。）

不论是运用从这本书中还是从别处学到的技能来改善你的生活，其中最重要的一个因素是要有乐于改变的心态。就算读遍了所有的书，尝试了一切提升情商的方法，如果你意识不到自己心中有顽固不化的想法，如果不抛弃这样的想法，努力朝着乐于改变的方向转变，你的生活都不会发生任何的变化。你也许听说过"牵马到河易，强马饮水难"这句俗语。所有的方法和技能都已经交到了你的手上，是否勤加练习就要看你自己的了。只有你才能要求自己做到这一点。所以，你有何想法？你做好改变的准备了吗？

答　案

练习题2

1. 愤怒——令人激动，产生攻击的冲动——凯拉可能一气之下冲那个中年男子大喊大叫，或者投诉他。

2. 焦虑——令人坐立不安——约书亚可能告诉埃米莉，她没有及时回复短信让他感到担心。

3. 难过——令人情绪低落——妮可可能会主动找萨曼莎说话，寻找和好的机会。

4. 内疚——令人自责，心如针刺一般痛——马特可能会向上司道歉，承认迟到的错误，并保证下不为例。

练习题3

1. 想法　2. 情绪　3. 想法　4. 行为　5. 行为　6. 想法
7. 情绪　8. 行为　9. 情绪　10. 行为　11. 想法　12. 情绪

练习题7

1. 没有察觉　2. 没有察觉　3. 有所察觉　4. 没有察觉
5. 有所察觉

练习题14

1. 感性自我　2. 平衡的自我　3. 理性自我　4. 感性自我

5. 理性自我　6. 感性自我

练习题19

1. 是评判　2. 是评判　3. 是评判　4. 不是评判　5. 不是评判

6. 是评判　7. 不是评判　8. 不是评判　9. 是评判

10. 不是评判